"十三五"职业教育部委级规划教材

 "十三五"江苏省高等学校重点教材（编号：2019-2-176）

U0149839

服装CAD样板创意设计

周　琴　编著

中国纺织出版社有限公司

内 容 提 要

这是一本比较系统介绍智能化打板和虚拟试衣的实用技术书。本书以"PGM服装CAD 12"版本为基础，该版本的优点是二维结构设计、放码、三维虚拟试衣界面完全融合，操作简便，较为符合服装企业设计师和板型师的设计手法。

作者凭借自己扎实的专业理论知识和丰富的专业实践经验，加上15年深厚的教学功底，对款式的结构设计思路和方法从二维制板、放码、排料到三维虚拟试衣的全过程进行了详细的操作示范。教学内容包括：国内外服装CAD发展、二维结构设计打板系统、放码功能、排料系统、代表性款式的技术开发流程等六个章节。

本书内容全面、知识完整、案例分析透彻、方法简便，适用性广，图文并茂，并且在每章后附有学习重点和思考题。因此，本书适宜作为服装院校的专业教材，也适宜作为行业企业从业人员和业余爱好者系统学习产品智能化开发的自学用书，同时也可作为培训用书。

图书在版编目（CIP）数据

服装CAD样板创意设计 / 周琴编著 . -- 北京：中国纺织出版社有限公司，2020.11

"十三五"职业教育部委级规划教材

ISBN 978-7-5180-7666-6

Ⅰ.①服… Ⅱ.①周… Ⅲ.①服装设计—计算机辅助设计—AutoCAD软件—高等职业教育—教材 Ⅳ. ① TS941.26

中国版本图书馆 CIP 数据核字（2020）第 126687 号

责任编辑：亢莹莹　　特约编辑：温　民
责任校对：寇晨晨　　责任印制：何　建

中国纺织出版社有限公司出版发行
地址：北京市朝阳区百子湾东里 A407 号楼　邮政编码：100124
销售电话：010—67004422　传真：010—87155801
http://www.c-textilep.com
中国纺织出版社天猫旗舰店
官方微博 http://weibo.com/2119887771
北京云浩印刷有限责任公司印刷　各地新华书店经销
2020 年 11 月第 1 版第 1 次印刷
开本：787×1092　1/16　印张：19
字数：287 千字　定价：68.00 元

前言

自 20 世纪 80 年代中期起，服装 CAD 在我国服装行业的应用与发展已经走过了三十多个年头，当今现代服装设计趋向个性化设计，而且对款式造型设计、色彩选择与图纹设计都要进行合理化的分析和制作成本评估。为提高服装设计的效率，降低设计的成本，服装 CAD 的应用普及率不断提高，越来越多的服装企业依托于先进的服装 CAD 软件系统，将纸样设计、放码、排料、3D 虚拟试衣等智能制造融入产品开发与生产实践。多年的实践证明，服装 CAD 系统的应用，可有效地帮助服装企业提高工作效率、缩短产品开发周期和降低生产成本，是服装企业产品开发的高效工具。

本书作者曾在服装企业工作多年，现从事一线教学工作，具有丰富的生产实践和教学经验。本教材着重将制板工具的灵活运用作为结构设计的一个重要组成部分进行教学，让学生体会同一款式不同工具的使用方法，逐步形成面对具体问题"如何最优化选择此工具"的一种思维方法。在此基础上，结合具体款式促进学生二维到三维空间观念的发展，进而提升专业素养。

本书内容包含：服装 CAD 概述、界面及参数设置、菜单栏图标及功能、工具栏图标及功能、排料系统、样板创意设计实例六个章节。

第一章，服装 CAD 概述。介绍服装 CAD 的基础知识、PGM CAD 的系统配置和应用情况，帮助读者了解服装 CAD 的发展状况及其在国内外的发展趋势。

第二章，界面及参数设置。介绍 PGM CAD 的特点和相关参数设置，为软件使用做好准备。

第三章，菜单栏工具及功能。介绍 PGM CAD 菜单栏的运用。

第四章，工具栏工具及功能。介绍 PGM CAD 工具栏的运用。

第五章，排料系统工具。PGM CAD12 排料系统包含功能强大、使用方便的排料工具，配有自动、手动或人工交互式排料方式，完全能够满足我国服装企业生产应用。

第六章，样板创意设计实例。以代表性款式开发过程为基础，详细地讲解了从二维样板结构设计、放码、排料到三维虚拟试衣的所有制作步骤。每个步骤的内容与配图一一对应，使读者更容易理解与操作。

本书在介绍各工具的使用方法时，结合款式的具体部位进行讲解，通过实例操作指导读者进行产品开发，每个步骤图文并茂，并且在每章后附有学习重点和思考题，帮助读者实践操作与理解内化工具的使用方法。本书可供具有一定手工制板基础的人员参阅、学习。

本书由苏州工艺美术职业技术学院的周琴、凌小青老师共同编著，其中第一章～第四章及附录由周琴老师编写；第五章、第六章由周琴、凌小青老师共同编写。尽管编著者倾注了大量的时间和精力，但由于水平有限，疏漏之处在所难免，恳请广大读者批评指正。

本书得到 2020 年度江苏省第五期"333 高层次人才培养工程"科研项目的项目资助，是其阶段性成果，在此表示感谢！

周　琴

2020 年 5 月

目录

第一章 服装 CAD 概述

随着数字化技术的普及、电脑技术的飞跃，全球呈现经济一体化、信息化、数字化的趋势，影响着人类生活的各个方面，服装 CAD 系统在此背景下应运而生。它是应用于设计、生产、市场等各个领域的现代化高科技工具。在生产中，CAD 系统可以加快新产品的开发速度，提高产品质量，降低生产成本，使用户在设计、生产以及对市场的加速反应能力方面都有很大提高，进而提升企业形象及竞争力。基于这些基本要素使得服装 CAD 系统在现代服装生产中广泛应用并迅速普及，它的应用使服装生产向着多品种、小批量、短周期、高质量的方向发展，帮助服装生产企业摆脱了传统的服装设计都是手工操作、效率低、重复量大的不足，使设计效率大幅度提高，其高效、准确的性能在生产实际中得到广泛的延伸。现今，服装 CAD 系统的研发逐渐走向规范和成熟，它不再是服装生产企业中装饰性的点缀，而是服装现代化生产和现代化企业管理的显著标志，服装产业的发展必然推动服装 CAD 技术的应用和发展，而服装 CAD 技术的应用和发展也必然推动服装工业生产逐步由劳动密集型向知识、技术密集型发展。

第一节 国内外服装CAD发展概况

一、国外服装CAD

服装 CAD（Computer Aided Design）技术，又名计算机辅助服装设计技术，是一项集计算机图形学、数据库、网络通信等计算机及其他领域知识于一体的综合性高新技术。国外服装生产从 20 世纪 70 年代开始研制和应用服装 CAD。1972 年美国诞生了第一套服装 CAD 系统 MAR-CON，随后法国、日本、西班牙等国家也纷纷推出类似系统，它已成为衡量企业设计水平和质量的重要标志。国外服装 CAD 技术中以美国的格柏（Gerber）公司系统最为著名，此外，还有法国的力克（Lectra）系统。

美国格柏（Gerber）系统采用工作站形式实现样板、放码、排料一体化，具备 UNLX 多用户、多任务能力，兼备同步作业，具有强大的联网能力。硬件配置方面具有高快、兼容、高解析度的特点，采用区域网络以太界面网络 BNO 界面板，使界面友好、亲和。

法国力克（Lectra）系统为 OPEN-CAD 电脑辅助设计工作站，特点是采用中文软件，不分工作站等级，具有高度亲和性，目录为交谈式设计，附有象形符号小键盘，开放式系统可与各个品牌系统兼容，实现产品信息的沟通。

二、国内服装CAD

我国服装 CAD 的研究开发工作始于国家"六五"规划时期，是在引进、消化、吸收国外服装 CAD 系统的基础上进行的，其研究基础是美国 Gerber 公司的服装 CAD 系统。其后，中国航天工业总公司 710 研究所、北京日升天辰电子有限公司、杭州爱科电脑技术公司、杭州时高高科技开发中心及香港富怡电脑公司等纷纷研发了自己的服装 CAD 系统，在 20 世纪 80 年代将服装 CAD 系统的研制和开发列入了"七五"国家星火项目。到目前为止，已有 50 余套系统通过了各种形式的鉴定并提交用户使用，软件功能较齐全，应用领域较广泛，在一定程度上可与国外高水平软件相媲美。

三、服装CAD发展趋势

随着 3D 服装 CAD 技术的飞速发展，其在直观性、合体性、真实感等方面的优势日渐体现，3D 服装 CAD 系统已经成为未来服装 CAD 系统的主流发展方向。目前三维服装 CAD 技术主要集中于虚拟服装展示和三维服装展开成二维衣片等方面。但是现今，通过电脑在 3D 虚拟人体模型上模拟成品效果及等比例的组合效果并进行展示及修改，再通过确认模拟样衣创建样板及技术规格，从而缩短产品上架时间、降低产品开发过程的成本，已经成为全世界服装 CAD 技术发展的竞争焦点。

第二节　PGM CAD软件简介

一、电脑推荐配置

在安装软件前，电脑配置需要满足以下软件运行的最低要求。

Pentium Ⅱ‐350

内存：64MB

硬盘：150MB

4MB memoryAGP 显卡

17" 显示器，分辨率：1024×768，256 colors，一个并行口，一个串行口

USB 端口

二、PGM CAD软件安装

（1）插上 PGM CAD 密码锁。

（2）启动电脑。

（3）运行 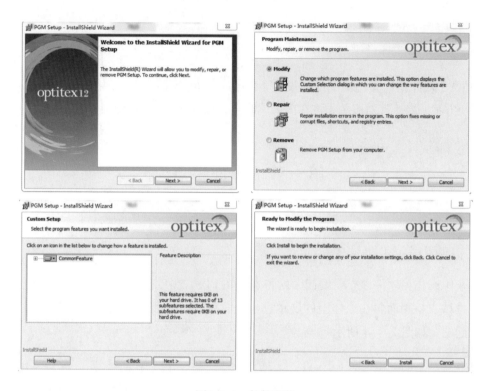 PGM-Full-12.3.1.76.0 的安装程序，安装软件。

（4）出现安装程序，显示安装地址对话框，点击浏览或选择默认的安装地址。选择"Next"→"Install"，直至安装完成，如图 1-2-1 所示。

图1-2-1　软件安装

安装完毕后，点击"OK"，PDS 和 Marker 的图标出现在电脑桌面上，插上密码锁，双击图标，打开软件。

注：首次安装软件时，必须重新启动电脑，如果是对原有软件升级就不需要重新启动电脑。

学习重点及思考题

学习重点

1. 服装 CAD 的发展。

2. PGM CAD 的安装要求及方法。

思考题

服装 CAD 系统能否在互联网技术与云计算应用的基础上，搭建为统一的技术平台，实现无边界共享？

第二章　界面及参数设置

PGM CAD 软件是计算机辅助纸样设计（Pattern）、放码（Grading）和排料（Marker）方面的整体解决方案。专业针对服装、汽车内饰、箱包手袋等软性材料行业提供 CAD 设计开发。

第一节　界面特点

一、以面为主，以面起图

不同于国产相关软件以点、线起图的特点。在 PDS12 中，三维试衣和二维制板在同一个界面，三维试衣是用面料在人体上的展示过程，面料以面的形式在人体上试衣，所以二维制板是以面起图，如图 2-1-1 所示。

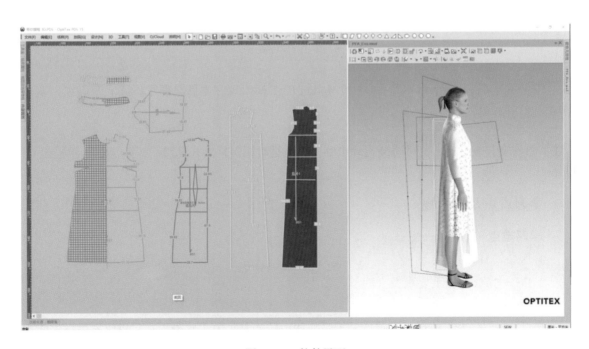

图2-1-1　软件界面

二、制板界面最大化

只将一般工具条和基本轮廓工具条呈显示状态，关闭其他工具条。"视图"→"工具盒"，打开"工具盒"在界面左侧，点击"隐藏按钮" 🔓 将工具条变成横向状态（横向是隐藏状态），形成抽屉式的选取操作方式。可以在视图菜单栏里将工具盒、纸样属性、视图及选择特性和内部属性等打开，便于样板的绘制，如图 2-1-2 所示。

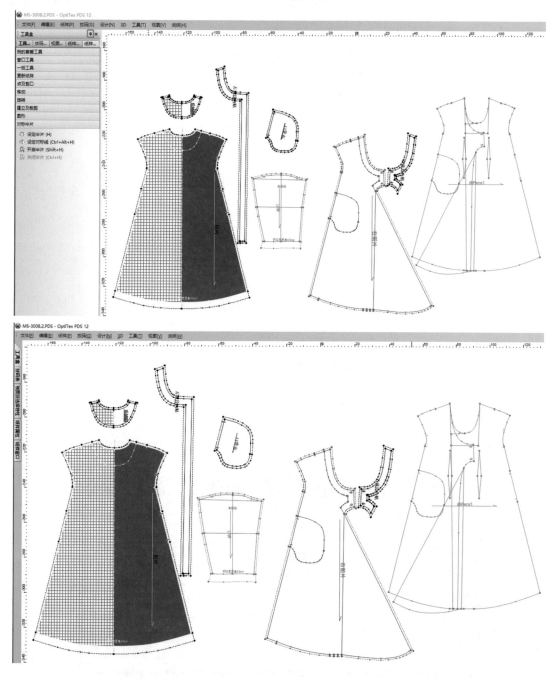

图2-1-2　界面最大化

第二节　相关参数设置

一、界面的中英文切换方法

Windows 的界面里，按"开始"→"所有程序"→"PGM12"→"Utilities"→"Select language"→"Chinese Simplified"，如图 2-2-1 所示。

图2-2-1　中英文切换

二、修改工具文字为详细文字说明的方法

在软件界面左侧工具盒显示状态下，右键点击空白处，出现"工具盒"选项，在"项目文字说明"下"详细说明文字"前打勾，如图 2-2-2 所示。

修改后的工具文字说明，如图 2-2-3 所示。

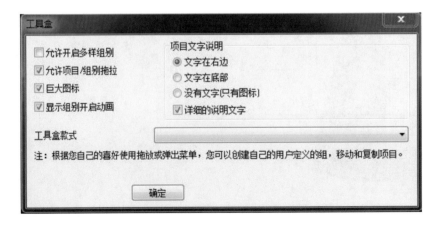

图2-2-2　工具盒对话框

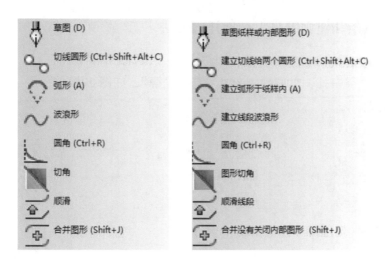

图2-2-3　工具文字显示对比

三、单位设置

制板界面右下角显示的"厘米 – 平方米"可以更改，在【工具】→【其余设定】→【主要部份】→【工作单位】里选择单位，如图 2-2-4 所示。

四、视图及选择特性对话框设置

视图及选择特性对话框的开启：在【一般】下拉子菜单里，快捷键为【F10】，图 2-2-5 中红框选中部分都打"√"，否则样片不能同时在打板界面显示。其他视图选项可根据制板需要开启或关闭，打"×"代表关闭，"眼睛"代表开启，如图 2-2-5 所示。

图2-2-4　单位设置方法　　　　　　图2-2-5　视图属性设置方法

五、绘图工具条和建立纸样工具条开启方法

1. 绘图工具条

鼠标指向菜单栏空白处，点右键，选择"基本轮廓"，如图 2-2-6 所示，绘图工具条被开启，如图 2-2-7 所示。

图2-2-6　基本轮廓选择对话框　　　　　　图2-2-7　绘图工具条开启

2. 建立纸样工具条

点击【纸样】菜单→【建立纸样】，将该系列工具拉出，建立纸样工具条被开启，如图 2-2-8 所示。

图2-2-8　建立纸样工具条开启

六、鼠标的作用

鼠标指针所放置的位置是样板放大或缩小的中心点。鼠标滚轮向前滚动是缩小样板，向后滚动是放大样板。鼠标滚轮在制板界面的任意位置单击，样板比例会恢复到默认状态。

学习重点及思考题

学习重点

1. 了解 PGM CAD 软件的制图和界面特点。

2. 学习、掌握制图前的属性设置方法。

思考与练习

1. 语言、文字的单位的设置。

2. 制图前的属性设置及常用工具操作练习。

第三章 菜单栏工具及功能

第一节 PDS文件菜单

文件菜单中包含很多子菜单，主要功能涉及文件的开启、新建、储存、打印等。文件下拉子菜单，如图 3-1-1 所示。

一、□【开新文件】

快捷键为【Ctrl】+【N】，用以建立一个空白的 PDS 制板界面。

二、□【开启旧档】

快捷键为【Ctrl】+【O】，用以打开已存在的 PDS 制板文档。

操作方法：首先选择文档所在的磁盘，然后选择文档资料夹，最后选择打开文档，如图 3-1-2 所示。

图3-1-1 文件下拉子菜单   图3-1-2 文档开启

三、 🖫🖬【储存文件】/【另存新档】

快捷键为【Ctrl】+【S】/【Ctrl】+【Shift】+【S】，用以储存当前的文档，没有名称的文档会出现输入名称和选择资料夹的对话框。

四、 🖳【合并款式文件】

可将当前款式文档与其他款式文档合并，如图3-1-3所示。

操作方法：选择此工具，出现"合并文件"对话框，找出需要合并的款式，按"Merge"。

五、【文件效用】

1.【开启备份文件】

用以预防和找回电脑突然死机或断电时中断的文件。出现闪屏后，查找文档路径有两种方法。

方法一：点击工具【其余设定】→【储存】内建立的【自动储存（备份）文件】，直接打开最后处理的文件，如图3-1-4~图3-1-6所示。

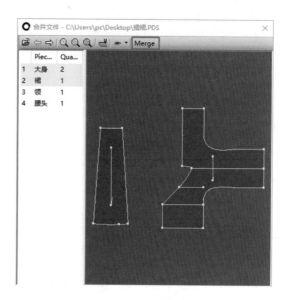

图3-1-3 文档合并

图3-1-4 闪屏状态

图3-1-5 其余设定

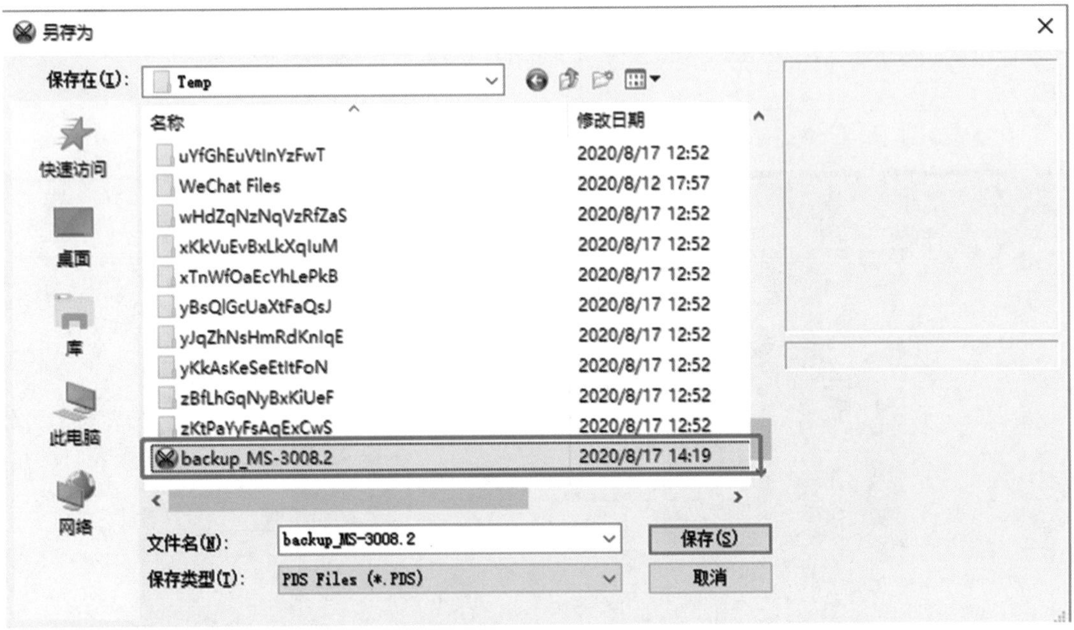

图3-1-6 备份文件

方法二：点击【文件】→【文件效用】→【历史】，【历史】功能储存有初板至生产板每次修改情况的整套样板，它们被记录在同一文档内，方便翻查修改记录，如图 3-1-7 所示。

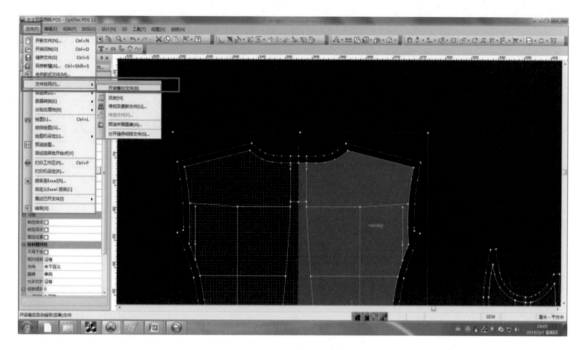

图3-1-7　文件效用菜单

操作方法：

（1）【历史】对话框显示文档地址和名称，勾选"当关闭时会自动储存历史档案"，然后点击"关闭"，结束对话框，如图 3-1-8 所示。

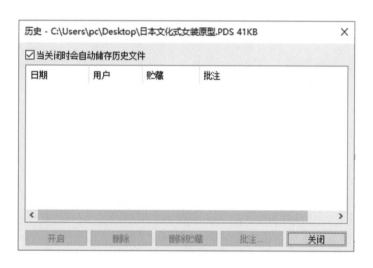

图3-1-8　文件查找方法

（2）点击"文件"→"储存文件"，"储存历史"对话框内已显示日期及时间和工作站的名称，在框内填写修改资料等，勾选"储存版本"，点击"确定"。

注： 每次提取文件储存时，【储存历史】对话框都会出现，如图3-1-9所示。

图3-1-9 储存历史对话框

（3）翻查修改记录。打开文件→【历史】，所有已填定的记录会在表内出现。

（4）翻查旧文档。选中所需文件，点击【开启】，文档会打开；再点击【关闭】，结束对话框，如图 3-1-10 所示。

图3-1-10 历史文档对话框

注：对话框操作说明如下：

开启：指打开所选的文档。

删除：指删除所选的文档。

删除贮藏：指删除贮藏所选的文档不可以重现，只可以看到【历史】对话框的注解。

批注：打开所选档案的【储存历史】对话框。

2.【搜寻及更新】

此操作用以协助查找文件。

操作方法：选取本工具打开【搜寻及更新】对话框，在对话框内输入要查找的文件名称、位置、纸样名称，点击"立即寻找"。在文件名称里双击需要的文件，样板就被打开了，如图 3-1-11 所示。

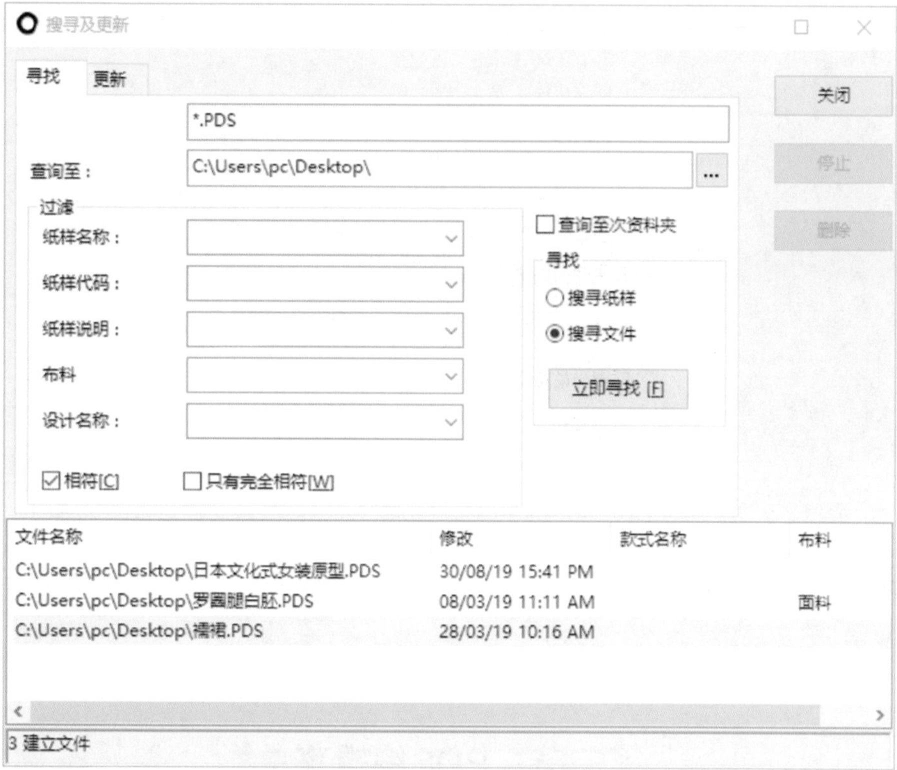

图3-1-11　搜寻及更新对话框

3.【预览所需图像】

可以显示该文件保存的最后情况，或者通过浏览文件加载一些相关的信息，例如 bmp、jpg、png、tif 格式图形，如图 3-1-12 所示。

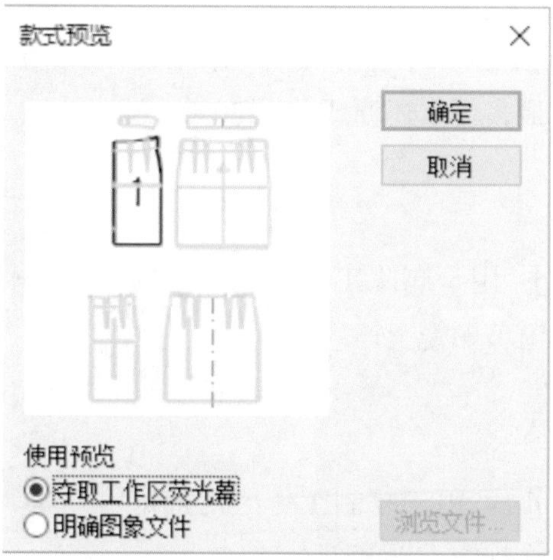

图3-1-12　款式预览

4.【分开储存纸样档案】

因客户的要求把整套样片分开，每一块样片独立储存成为一个 PDS 文件，如图 3-1-13 所示。

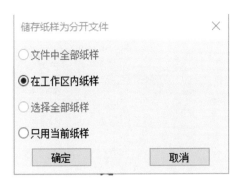

图3-1-13　独立样片

操作方法：选择此工具，出现【储存纸样为分开文件】对话框，选择储存方式，点击"确定"。

第二节　PDS编辑菜单

PDS 的编辑菜单功能主要是对选中的纸样进行复制、剪下、粘贴和更新等操作下有 13 个子菜单，下面逐一介绍编辑下拉子菜单，如图 3-2-1 所示。

一、 【复原】/【再作】

快捷键为【Ctrl】+【Z】/【Ctrl】+【Y】。其作用是可还原或前进到指定动作，最多可以还原或前进 30 步。

二、 【剪下】

快捷键为【Ctrl】+【X】，用于删除工作区内选定的纸样，删除的纸样被放在视窗剪贴簿上。

三、 【复制】

快捷键为【Ctrl】+【C】，可用于复制工作区内选定的纸样，所复制的纸样被放在视窗剪贴簿上。

图3-2-1　编辑下拉子菜单

四、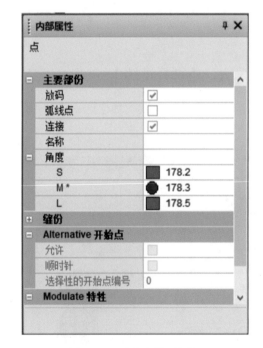【黏贴】

快捷键为【Ctrl】+【V】，用于由剪贴簿贴入剪下或复制的纸样于开启款式的工作区内。

五、【删除】

快捷键为【Shift】+【Delete】，可以删除工作区内所选定的样片。该指令分为整体删除和单独删除两种情形。

整体样板的删除，按【Delete】只是删除在工作区的样板，而在纸样窗口被删除的样板还是存在的。按【Shift】+【Delete】是永久删除样板；单独删除点、线，按【Delete】就是永久删除。

六、【纸样特性】

选择纸样中不同的元素会有不同特性的对话框出现，如图 3-2-2、图 3-2-3 所示。

图3-2-2 纸样属性对话框　　　　　　图3-2-3 内部属性对话框

七、【复制内部对象】/【粘贴内部对象】

快捷键分别为【Ctrl】+【Alt】+【I】/【Ctrl】+【Alt】+【P】，其作用为复制所选纸样内部的物件于视窗剪贴簿上 / 由剪贴簿贴入内部物件于所选的纸样内，如图 3-2-4 所示。

八、【全部选择】

快捷键为【Ctrl】+【A】，此工具用于将所有在工作区的纸样全部选上。

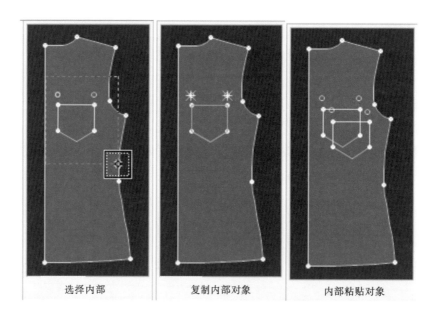

图3-2-4　复制/粘贴

九、【选择反转】

点击选择反转后，选择框会跳到工作区其他纸样上，如图 3-2-5、图 3-2-6 所示。

图3-2-5　选择反转前

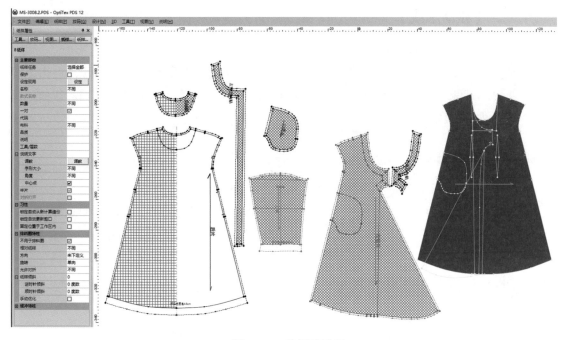

图3-2-6 选择反转后

十、【全部纸样放于工作区内】

该工具可使纸样窗口内样板全部在工作区内显示。

十一、【更新纸样】

包括更换旧有纸样、更新旧纸样、移除现用纸样、存储现用为新纸样、分开纸样和交换纸样6个子菜单,用于储存或更新现用的纸样。

1. 【更换旧有纸样】

该工具用于把所有样片移回纸样窗口排列区内。

2. 【更新旧纸样】

该工具用于确认已修改好的样片。

3. 【移除现用纸样】

该工具可把工作区内所选择的样片放回纸样窗口排列区内。

4. 【储存现用为新纸样】

该工具把已修改好的样片储存为一块新样片,保留原来的样片。

5. 【分开纸样】

快捷键为【F9】。该工具可用以全图观看在工作区内所选择的样片,把其余的送回纸样窗口的排列区。

6. 【交换纸样】

使用交换纸样功能,将已作修改的样片和原来未修改的样片作比较。

十二、【移动基线】

该工具用以移动所选纸样的丝缕线。

操作方法：用选取工具 ▶ 选中样片内的丝缕线，以激活【移动基线】工具，点击【编辑】→【移动基线】，出现"移动基线"对话框，输入所需要移动的X轴和Y轴的数值，点击"确定"，如图3-2-7所示。

十三、【移除纸样】

该工具用以删除工作区内所选的纸样。

用选取工具 ▶ 选中需要删除的样片，点击【编辑】→【移除纸样】，出现"OptiTex PDS"对话框，点击【是】/【否】，如果点击【是】，即修改后的纸样将替换原有纸样，如图3-2-8所示。

图3-2-7　移动基线对话框

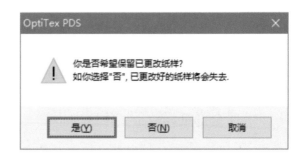

图3-2-8　移除纸样对话框

第三节　PDS纸样菜单

纸样下拉子菜单，如图3-3-1所示。

一、　【纸样资料】

每幅纸样需要有自己的纸样资料，如名称、数量、布料等信息，在排料前通过【纸样属性】做相关对应项内容的勾选、添加等完成这些信息的设置，如图3-3-2所示。

"纸样属性"对话框内容说明：

1. 主要部份

保护：勾选此项，使纸样处于被保护状态，不可以做任何修改。

2. 纸样的相关信息

输入纸样的片名。

数量：纸样需要的数量。

一对：纸样是否需要左，右一对。

代码：输入相关的资料，或留空。

布料：纸样是用什么布料。

品质：输入相关的资料，或留空。

说明：输入相关的资料，或留空。

工具 / 层数：适用于使用裁剪机。

3. 说明文字

该工具可显示的字体大小及角度。

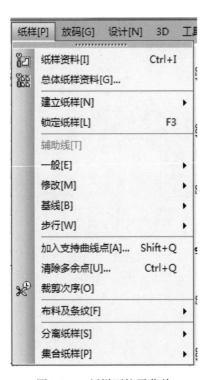

图3-3-1　纸样下拉子菜单

图3-3-2　纸样属性

4. 习性

按实际情况勾选每一项。

5. 排料图特性

对纸样是否用于后期排料做限定、对排图时纸样的方向、角度做设定。

（1）相对纸样：样片作左右或上下一对。

（2）方向：排图时纸样的方向。

（3）旋转：排图时纸样可以单向、双向、四面、任意。

6.【纸样倾斜】

用于排图时容许该样片排放的倾斜度。逆时针或顺时针倾斜的度数。

7.【缓冲特性】

用于排料时设置的纸样与纸样之间的空隙量，便于裁刀进入。

8.尺码资料

显示每个尺码的资料。周界、面积、最大 X 和最大 Y 的尺寸。

9.报告

储存档案：储存对话框内的资料为 *.txt 格式。

打印：打印 *.txt 文档。

二、 【总体纸样资料】

对话框的内容与纸样资料的基本一致，如当前文件内的纸样资料是一致的，可以直接在该对话框内设定一次就可以了，不需要再对每一块纸样单独设定。

三、【建立纸样】

建立纸样菜单包含有 6~7 种纸样图形的建立，工具条如图 3-3-3 所示。

图3-3-3

1. 【建立矩形纸样】（图 3-3-4）

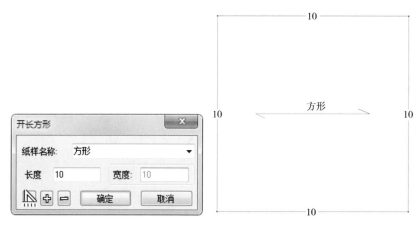

图3-3-4 矩形纸样的建立

2. ⬠【建立多边形纸样】（图3-3-5）

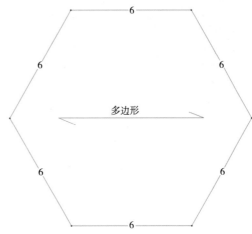

图3-3-5　多边形纸样的建立

3. ◯【建立圆形纸样】（图3-3-6）

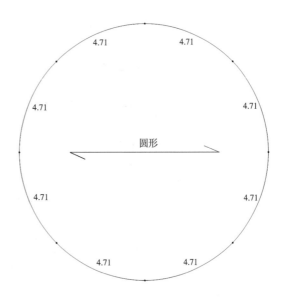

图3-3-6　圆形纸样的建立

4. 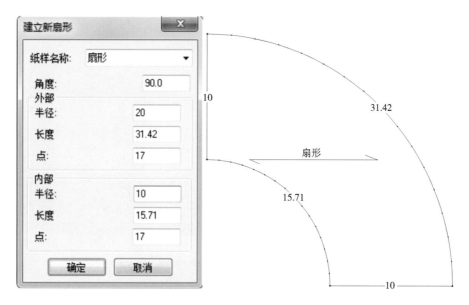 【建立扇形纸样】（图 3-3-7）

图3-3-7　扇形纸样的建立

5. 【建立弧形纸样】（图 3-3-8）

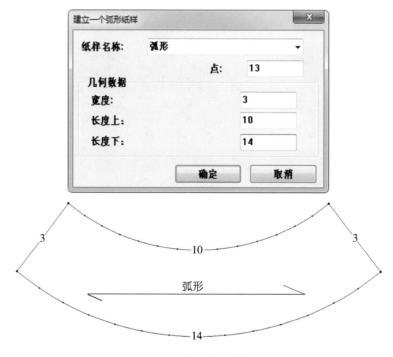

图3-3-8　弧形纸样的建立

6. ⊚【建立螺旋形纸样】（图3-3-9）

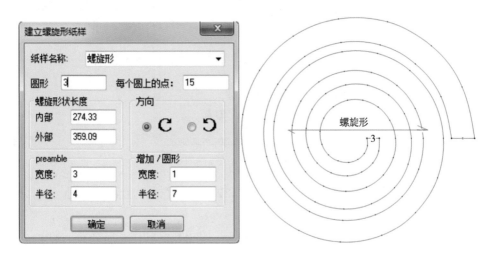

图3-3-9　螺旋形纸样的建立

四、【锁定纸样】

快捷键为【F3】，此功能为锁定样片命令，只能修改编辑此样片，其他样片不可以做任何改动。

五、【辅助线】

用此命令可以在所选定的线上添加一条辅助线。

操作方法：先在需要添加辅助线的线段上顺时针选取两点，如图3-3-10所示。在菜单栏选择【纸样】→【辅助线】，在工作区内就会出现与所选线段平行的辅助线，如图3-3-11所示。双击辅助线出现"辅助线性质"对话框，可以对辅助线的种类和距离进行设置，如图3-3-12所示。

注：
【Delete】：删除单根辅助线。
【Ctrl】+【Alt】+【G】：删除全部辅助线。
【Ctrl】+【Shift】+【Alt】+【G】：显示或隐藏辅助线。

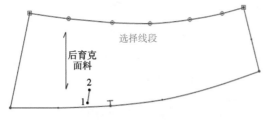

图3-3-10　选择需要做辅助线的线段

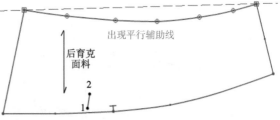

图3-3-11　建立辅助线

图3-3-12　辅助线性质

角度：水平辅助线的角度是 0，如 0+22°=22°，此时样片上添加的水平辅助线按照逆时针旋转 22°。

垂直辅助线的角度是 90°，如 90°+22°=112°，此时样片上添加的垂直辅助线按照逆时针旋转 22°。

六、【一般】

1.【更改多个内部特性】

快捷键为【Ctrl】+【Shift】+【I】。在"总体改内部参数"对话框内修改内部资料模式，例如，剪口位、钮位、内部图形等相关的资料。对话框分两部分，左边是现有的资料，右边是修改后的资料，修改完成后按下【采用（左面资料将会替代右面）】，再点击"关闭"。

在这个对话框内可以一次删除不需要的内部资料，在左边选取资料后按下方的【删除】，出现窗口操作提示点击"确定"，如图 3-3-13 所示。

图3-3-13　更改多个内部特性

2.【更改多个剪口放码】

在"总体剪口放码"对话框内修改剪口内部资料模式。

3.【更改多个内部特性】

在"总体改内部参数"对话框内修改纸样的内部资料模式。

4.【更改多个生褶特性】

在"总体更改生褶"对话框内修改纸样的生褶资料模式，如图 3-3-14 所示。

图3-3-14　生褶特性修改

5.设定（0，0）原点【0】

该工具用于改变工作区内的水平和垂直量度尺开始位置。

操作方法：选取样片放在工作区内，选取点样片长和宽的尺寸会在标尺上显示，点击【纸样】→【一般】→设定（0，0）原点【0】。

用于选取点的标尺上的显示就修改为 0/0 开始。

6.【设定纸样开始点】

该工具用于选择纸样上的第 1 个放码点。

操作方法：按【Shift】+【F10】打开"一般视图特性"对话框，在"点编号"前方框内打勾。选择纸样上的点"6"，点击【纸样】→【一般】→【设定纸样开始点】，点"6"就修改成了点"1"，裁剪时裁刀会从点"1"下刀，如图 3-3-15 所示。

7.【安排内部对象次序】

该工具用于更改内部资料在绘图或裁剪机切割时的次序。

操作方法：

（1）首先，鼠标指向需要更改内部资料次序的样片，点击【一般】→【安排内部对象次序】。

（2）在"更改内部次序对话框"内找出"内部资料"，更改次序后按设定编号，再按确定。

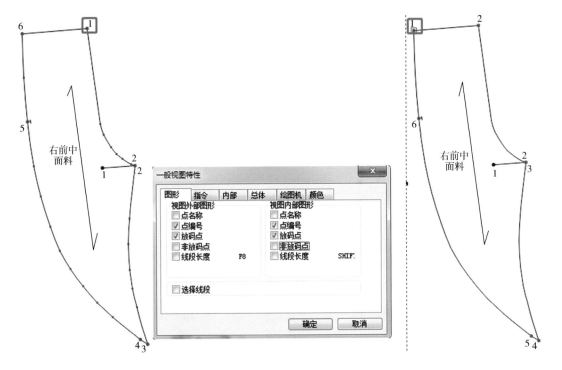

图3-3-15　开始点的设置

注： 对话框的上半部分显示内部资料的特性种类和模式，不能在这个对话框内修改。

8.【纸样面积及周界】

该工具可显示文档内选取所设定布料的所有纸样名称、数量、面积和周界。此对话框只是报告，不能作出修改，如图 3-3-16 所示。

图3-3-16　款式报告

9.【核实纸样名称】

样片太多可能会忘记输入样片名称或有相同的名称的样片，该功能会有提示。如按"是"相同名称的样片会自动加上1在名称后。如按"否"会有多块相同名称的样片，没有名称的样片会按样片的数量定名称。

10.【清除数字表示纸样名称】

从其他系统转换的文档可能有个名称和一个数字前缀，该工具可以删除数字前缀。

11.【移动全部剪口】

该工具可以将所选样片的剪口一次性全部删除，这会比逐一选择删除更快。

12.【固定位置 / 复原固定位置】

该工具用于保存一块纸样的当前位置和方向在工作区内或者利用"复原固定位置"指令恢复原来纸样的位置。

注：只有在使用固定位置后，复原固定位置才能被激活。

七、【修改】

该工具用于对纸样的比例和状态等操作时作修改的命令。

1.【比例放缩】

利用该功能输入 X（水平）、Y（垂直）放缩比率，纸样便会按照比例加大或缩小，如图3-3-17所示。

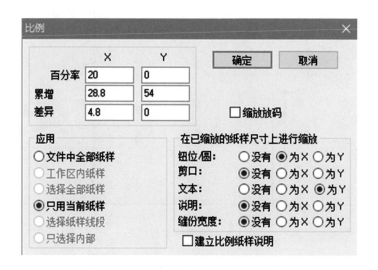

图3-3-17　比例缩放

对话框内相关设定：

X：水平；Y：垂直。

百分率：放缩比例，输入百分比数值。

累增：未输入 X/Y 数值前的尺寸，当输入数值后 X/Y 和差别框内的数自动转变。

应用：选择相应的选择。

放码：有放码的样片是否按比例放码。

缝份：有放码的样片缝份尺寸是否按比例放码。

【建立比例纸样说明】：有放码的样片内部说明文字是否按比例放大或缩小。

2.【旋转】

该指令用于旋转纸样、内部资料或基线，可以一次旋转多片纸样。

3.【旋转至基本布纹线】

该指令可旋转纸样基线平行于 X 轴。

4.【所选线水平旋转】/【所选线垂直旋转】

该指令可选择线段旋转样片至水平位置，布纹线保持不变。或者选择线段旋转样片至垂直位置，布纹线保持不变。

5.【水平反转 / 垂直反转】

使样片作 X 轴水平方向反转 / 样片作 Y 轴垂直方向反转。

6.【对折打开】

该指令用于制作两边对称样片，利用此功能把样片打开成为对称样片，与对称半片工具不同的是原来的纸样还保留，如图 3-3-18 所示。

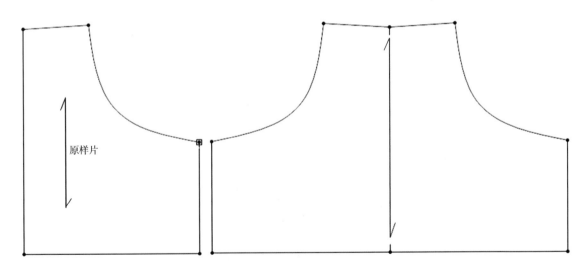

图3-3-18　纸样对折打开

操作方法：用选取工具 ↳ 顺时针选择对称线，点击对折打开工具完成操作。

八、【基线】

1.【基线和线段平行】/【基线和线段垂直】

该工具可使基线会与所选的线段平行 / 垂直。

操作方法：用【选取】工具 ▶ 顺时针选取平行 / 垂直新布纹线的第 1 点，再选第 2 点，布纹线会与所选的线段平行 / 垂直。

2.【复位基线】

用此命令可使布纹线放于样片的中心位置。

操作方法：用【选取】工具 ▶ 选中布纹线，再点击【复位基线】，使偏离样片的布纹线回复到样片中心处。

3.【建立布纹线】

该工具可以改变内部的线段成为布纹线，如图 3-3-19 所示。

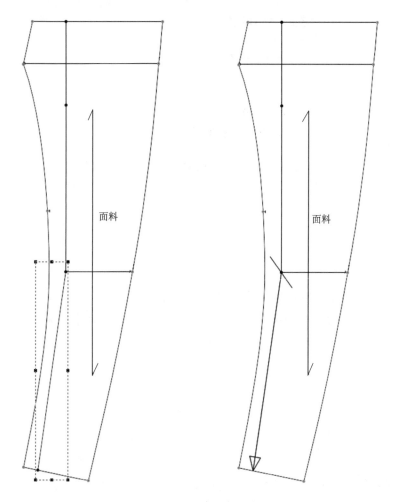

图3-3-19　建立布纹线

操作方法：选择纸样上内部线段，再点击选择【建立布纹线】功能，内部线称为布纹线。

4.【布纹线至基线】

此指令可将纸样的布纹线变成基线。

操作方法：选择纸样布纹线，再点击【布纹线至基线】功能，布纹线与基线完成相转换。

注： 只有在建立布纹线后，布纹线至基线工具才会被激活。

5.【设定长度】

用于设定布纹线的长度，如图 3-3-20 所示。

在"更改基线 / 布纹线长度"对话框里新基线 / 布纹线长度：指输入需要的长度；

应用：选择相应的选项。

选择【更改基线】或【更改布纹线】。

图3-3-20　修改基线/布纹线长度

九、【步行】

增加对"步行"菜单内项目功能的文字概括介绍。

1.【步行模式】/【转换方向】/【相边剪口】/【固定纸样剪口】/【移动纸样剪口】

模拟车缝动作，把两块样片并在一起看长度是否吻合，利用此功能可以在两块样片上相对的位置同时加上剪口。

操作方法：

（1）在样片排片区内取出需要度量的样片；

（2）按一下【行走】功能，出现行走箭头，先决定两块样片的相对点，把箭头最前端的点指向第一块样片的相对点按一下左键，拖动工作链至第二块样片的相对点按一下左键，使两块样片连接起来，沿两行线段行走至末端。如在开始时行走的方向错误，可按键盘的【F11】改变方向。

（3）行走时可以在两块样片的相对位上按键盘上【F12】一同加剪口，在不动的样片上加剪口可按【Ctrl】+【F12】；在走动的样片上加剪口可按【Shift】+【F12】。

2.【设定步行】

在【步行状态及选项】对话框如图 3-3-21 所示，可以做设定如下参数：

（1）固定纸样的步幅：0.1，即为键盘上左右箭头每按一下的行走尺寸。

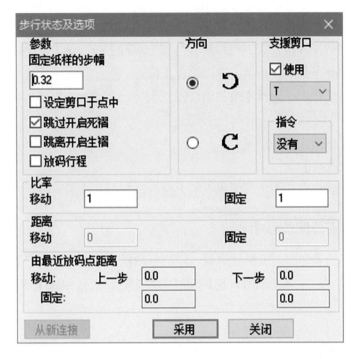

图3-3-21 步行状态及选项

（2）比率：设定容位经率于移动和固定的样片。

（3）移动：显于样片已行走的尺寸。

（4）重新连接：当使用行走功能时可能会在某部份位置需要增加容位或停止增加容位。

3.【设定组合步行】/【取消组合步行】

将几片纸样组合一起，再进行行走功能，如图3-3-22所示。

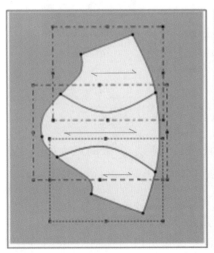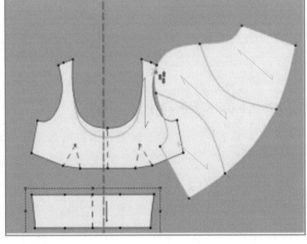

图3-3-22 设定/取消组合步行

操作方法：

（1）在工作区选择需要行走的样片。

（2）将选择好的样片组合成一组样片，再到【步行】→选择【设定组合步行】。

（3）选择【步行】工具 ，进行组合步行。

（4）样片步行完成后，选择【取消组合步行】。

4.【步行线段】

当使用键盘上的箭头键的距离。

5.【步行线段选项】

可以使选中的纸样在一个步行线段上的多个分段行走，或固定一个比例行走。

十、【加入支持曲线点】

添加非放码点沿着弯曲的纸样轮廓线，以更好地保持弧线的形状，如图 3-3-23 所示。

操作方法：用选取工具 顺时针选取弧线的两个点，点击加入【支持曲线点】工具完成操作。

图3-3-23　增加弧线控制点

十一、【清除多余点】

点击该对话框，通过改变相关数值，可以从纸样曲线段中清除多余的点，如图 3-3-24 所示。

十二、【裁剪次序】

通过对【裁剪顺序优化】对话框里有关内容的设定和操作可以。控制切割样片的次序，如图 3-3-25 所示。

图3-3-24　清除弧线控制点

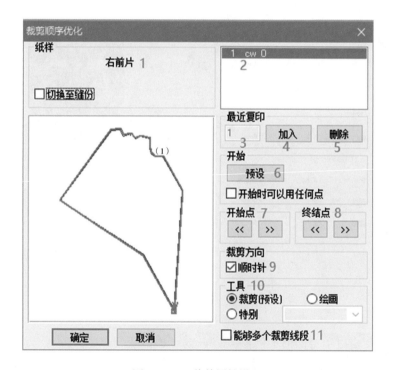

图3-3-25　裁剪属性设置

图 3-3-25 中所标序号词的含义：

（1）纸样的名称等详细资料。

（2）列出这片样片切割的次序。

（3）切割的次序号。

（4）添加一个新的切割序列。

（5）删除选定的裁剪序列。

（6）预设：优化切割起点。

（7）开始点：改变当前序列的起点，点击下方的箭头符号，向前《或向后》选择。

（8）终结点：改变当前序列的终点，方法同上。

（9）裁剪：勾选后按顺时针方向进行裁剪。

（10）定义：【工具／层】当前序列的名称。

（11）能够多个裁剪线段：使切割序列彼此重叠。

十三、【布料及条纹】

用来管理布料和条纹的相关信息。

1.【布料图像】

该工具将实际使用的布料扫描到电脑，作排图用，如图3-3-26所示。

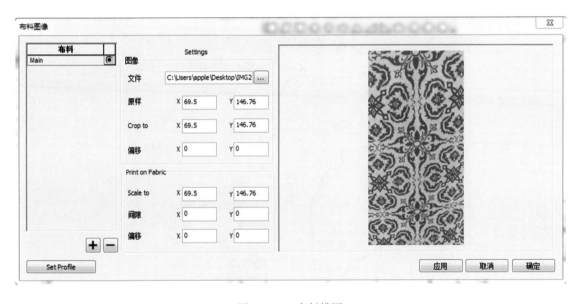

图3-3-26　布料排图

注：“布料图像”窗口（对话框）里：

布料：可定义布料名称。

Settings：找到布料存放的位置。

X/Y：按实际和设计要求进行图像大小的尺寸调整。

（1）配置文件中保存。FPF文件对话框中输入的所有信息，这个文件是用来协调PDS和标记之间的设置，定义不同的面料有多个FPF文件。使用此对话框时，使用者必须定义一个默认的配置文件中的第一次，有提示时，关闭对话框。

（2）定义一组不同类型的布料。例如，定义两种不同的布料，选择一套配置文件并保存为1组；定义了两种以上的布料在同一文件中，并保存为2组。现在，如果选择1组，会得到两种布料，如果选择第2组，会得到四种布料的标记。

+：添加新的布料，并填写布料的名称。

−：删除所选的布料类型。

2.【相关纸样条纹】

用以设定相关纸样对齐布料条纹如图3-3-27所示。

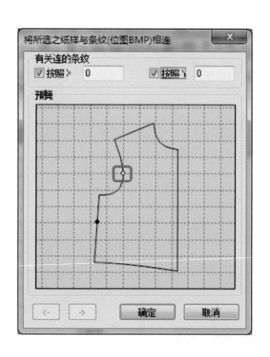
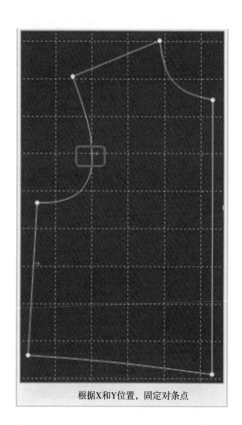

根据X和Y位置，固定对条点

图3-3-27 纸样对条

第四节 PDS放码菜单

放码下拉子菜单，如图3-4-1所示。

图3-4-1 放码下拉子菜单

一、【尺码表】

快捷键为【Shift】+【F4】，用于输入样片需要的放码数量，如图3-4-2所示。

插入尺码：插入比基码小的尺码。

附加尺码：插入比基码大的尺码。

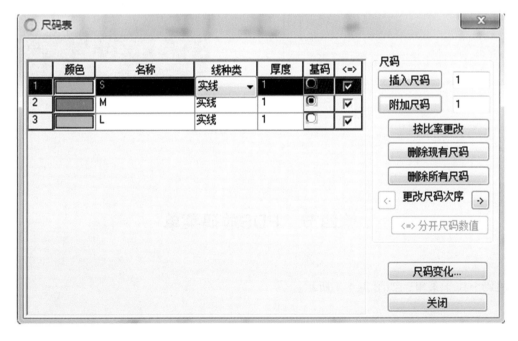

图3-4-2 尺码设置

二、【排点】

1. 🔲【排点】

以 X 轴或 Y 轴作参考点对齐所有样片,以检查样片放码数值。如要返回原来初始位置,点基线作参考对齐即可,如图 3-4-3 所示。

2.【沿在线排点】

该命令可根据选定线段作参考对齐排列,如图 3-4-4 所示。

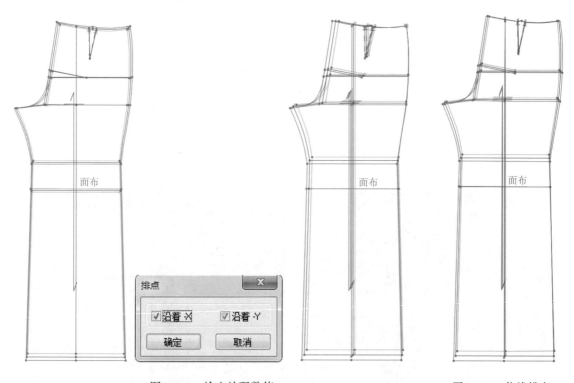

图3-4-3　检查放码数值　　　　　　　图3-4-4　依线排点

3.【按基线排点】

该命令可以以基线作参考对齐。

4.【恢复排点】/【恢复及清除排点数据】

该命令可恢复未排点之前状态。

三、【改放码组】

该命令可以令一个放码组内有不同长度的放码数值。

四、【复制放码】

此功能将一个放码点 DX 和 DY 数值复制。

五、【贴上放码】

可将一个放码点 DX 和 DY 数值复制，粘贴到另一个放码点 DX 和 DY 数值。复制一个放码点数值可以粘贴几个放码数值相同的放码点上，如图 3-4-5、图 3-4-6 所示。

操作方法：选取要复制的放码点，点击复制；选取要粘贴的放码点，再点粘贴。

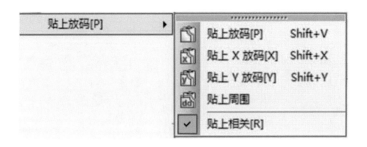

图3-4-5　贴上放码菜单

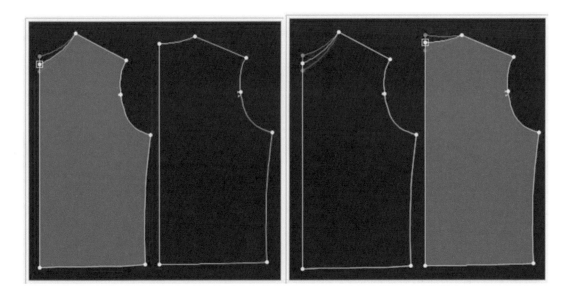

图3-4-6　粘贴方法

注：贴上X放码：只粘贴DX放码值；
贴上Y放码：只粘贴DY放码值；
贴上周围：粘贴对角线放码数值。

六、【反转放码】（图3-4-7）

【反转 X 放码】用于只反转 DX 放码值。

【反转 Y 放码】用于只反转 DY 放码值。

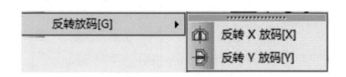

图3-4-7　反转放码菜单

七、【相等放码】（图3-4-8）

【相等 X 放码】相等 DX 放码值。

【相等 Y 放码】相等 DY 放码值。

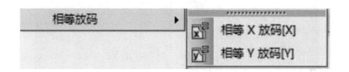

图3-4-8　相等放码菜单

八、【切断放码】（图3-4-9）

图3-4-9　切断放码菜单

九、【清除放码】

【清除 X 放码】用于清除 DX 放码值。

【清除 Y 放码】用于清除 DY 放码值。

【清除放码】用于放码点数值至零。

【清除全部放码】用于清除全部放码点放码值。

十、【放码】（图3-4-10）

图3-4-10　放码子菜单

1.【比例放码】

可以平均放码两个点之间距离，如图 3-4-11 所示。

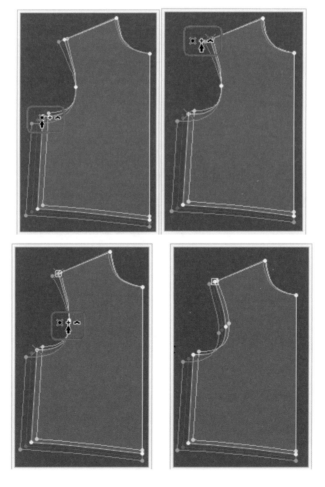

图3-4-11　比例放码操作步骤

操作方法：点击指定放码点。再顺时针从第一点开始，到最后一点结束。当点击放码点时，按【Ctrl】键只放 X 值；按【Ctrl】+【Shift】组合键只放 Y 值。

2.【平行放码】

可以对选定放码点平行放码，如图 3-4-12 所示。

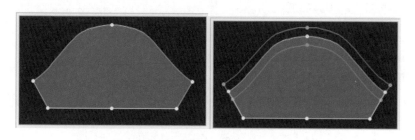

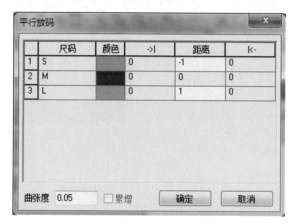

图3-4-12　平行放码操作步骤

操作方法：

（1）选定需要平行放码的放码点。

（2）选择【放码】→【平行放码】，出现【平行放码】对话框，输入所需正确数值。

3.【依据缝份放码】

可以选定一片样片依据缝份宽度放码，如图 3-4-13 所示。

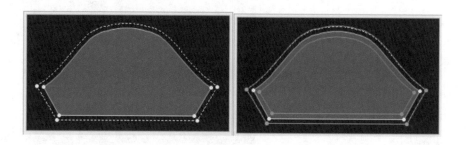

图3-4-13　依据缝份宽度放码

4.【依据比例放码】

用该命令可按样片百分率放码，如图
3-4-14所示。

5.【沿在线放码】

即为沿辅助线放码，如图3-4-15
所示。

操作方法：选取需要沿线放码的放码
点；点击【纸样】→【参考线】，选择【放
码】→沿在线放码。

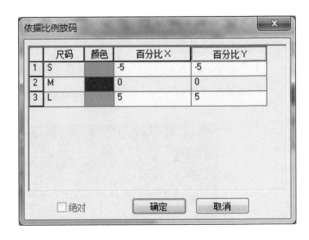

图3-4-14　依样片百分率放码

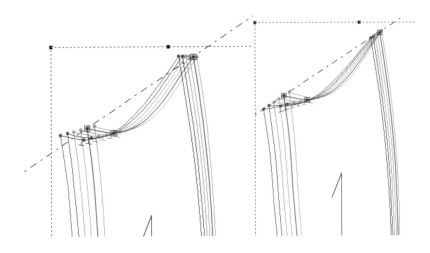

图3-4-15　沿辅助线放码

6.【伸展放码】

用该命令可在任意内部点延伸放
码，如图3-4-16所示。

7.【网状放码】

此命令可将独立分开的每一个码
利用网状放码功能，重新将样片组成
一个网状样片，如图3-4-17所示。

操作方法：设定好尺码表，用【选
取】工具▶按照由小到大次序，点击样
片。当点击最后一片时，样片会在最
后一片样片重叠成一个网状样片。

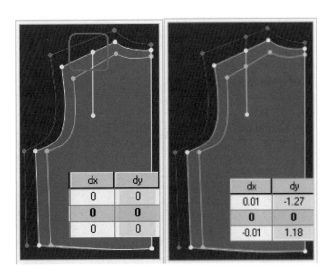

图3-4-16　依据内部点放码

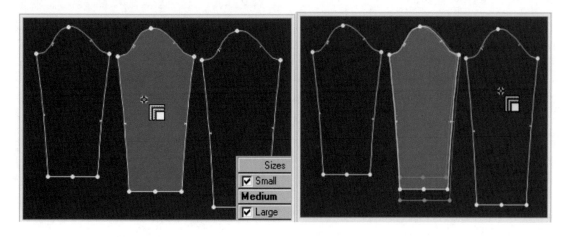

图3-4-17　尺码重叠

十一、所选尺码成新纸样

该命令可将放过码的样板分开成独立的样板。

第五节　PDS设计菜单

PDS设计菜单的下拉子菜单各功能主要用于纸样上对点、线段、图形的变化指令，如图3-5-1所示。

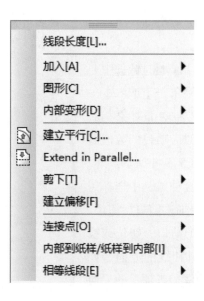

图3-5-1　设计下拉子菜单

一、【线段长度】

测量线段的长度。

操作方法：用【选取】工具 ↖ 顺时针选中要测量线段的两个点，此时线段长度工具被激活，出现"线段长度"对话框如图3-5-2所示。

二、【加入】

1.【相关加入】

加入点或剪口。

操作方法：点击样板上的点，此时点或剪口被激活，选择加点的类型，输入距离即可在指定的轮廓线上加入点或剪口，如图3-5-3所示。

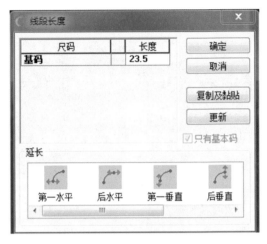

图3-5-2　线段测量

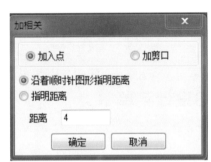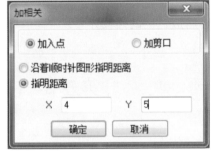

图3-5-3　加点或剪口

2.【加点】/【线于在线】

该指令可在选定的线段上等分加入剪口、线、钮位或点。

操作方法：用【选取工具】↖ 顺时针选中要测量线段的两个点，点击设计菜单→【加入】→【加点】/【线于在线】，出现"加内部对象"对话框里，点击、勾选或添加各对应项目的数值后点击"确定"，下达指令，如图3-5-4所示。

加内部对象说明：在"裂缝种类"中选择需要加入的类型；【编号】（指需要加入剪口、钮位、线或点的数量）；长度指加入的剪口、钮位或线的长度；"角度"指加入的剪口和线的方向，如图3-5-4所示。分别在该对话框，各项目的后面作勾选或者填入数值即可。

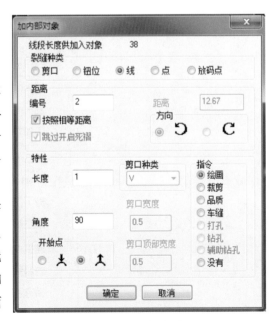

图3-5-4　加点/线

注：钮位、点和放码点没有角度和长度要求。

三、【图形】

1.【由线段出纸样】

由所选线段生成新的纸样，如图 3-5-5 所示。

操作方法：

（1）选取线段，点击【菜单】→【设计】→【图形】→【由线段出纸样】。

（2）在"纸样宽度"输入所需要的长度。

（3）点击"确定"。

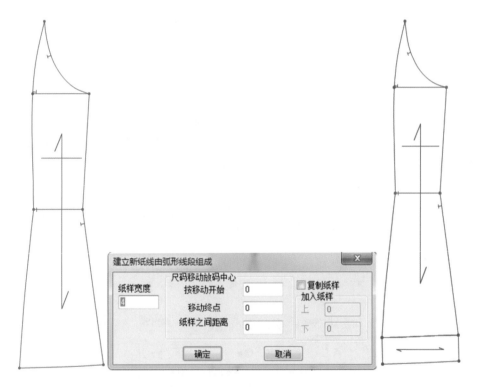

图3-5-5　弧形线段组成新纸样

2.【伸延内部】

该指令可以延长内部图形，如图 3-5-6 所示。

操作方法：

（1）点击线段上需要延长的点，点击设计菜单→【图形】→【伸延内部】。

（2）在"延长内部线段"对话框中按【一直到图形】或在【延长数量】处输入所需要的长度。

（3）点击【关闭】。

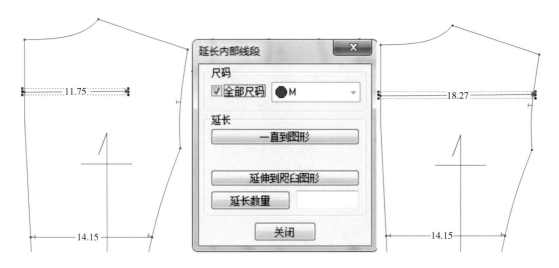

图3-5-6　延长内部线段

3.【伸延弧线图形】

利用该命令可使图形轮廓线或内部线按指定方向延伸。

操作方法：用【选取工具】🔺顺时针选中要加入线段的纸样轮廓线，点击【设计】→【图形】→【伸延弧线图形】，出现"延长图形曲线"对话框，输入延长数，确定延长方向，点击"确定"，此时在轮廓线上会出现一条比轮廓线长 3cm 的线段。如果在只延长图形前打勾，则轮廓线不依附线段，只是在轮廓线的延长方向长出 3cm 的线段，如图 3-5-7 所示。

图3-5-7　延长图形

4.【连接已开启内部线】

利用该指令可将独立的两个内部线段或图形连接成一个图形。

操作方法：选择设计菜单→【图形】→【连接已开启内部线】，用工具在需要连接的图形（需是非关闭图形）或线处点击需要连接的两个点即可。

5.【顺滑线段】

利用这个工具使线段变得顺滑，如图 3-5-8 所示。

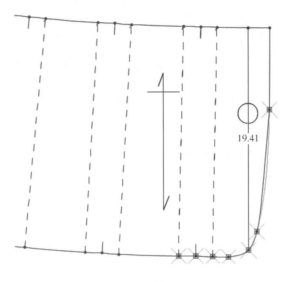

图3-5-8 顺滑线段

操作方法：先选中需要顺滑的线段，再选取工具，点击需要修改的线段点击，线段立刻改变形状，确认改变，按右键选【设定顺滑】。

6.【分离内部图形】

利用这个可把完整的内部图形线段分离成独立的线段。

操作方法：选择要分离线段的点，点击设计→【图形】→【分离内部图形】，如图 3-5-9 所示。

7.【内部图形至线段】

利用该指令可以把内部图形分割成为线段，如图 3-5-10 所示。

操作方法：

（1）选择需要分割的内部图形或线段，点击设计菜单→【图形】→【内部图形至线段】。

（2）在"转换内部图形至线段"对话框内输入需要的尺寸，点击"确定"。

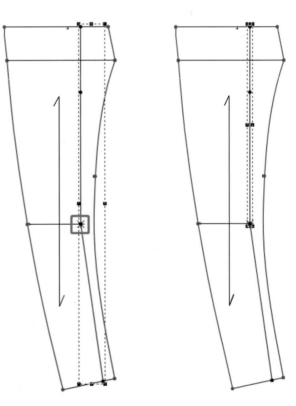

图3-5-9 内部线段分离

注： "转换内部图形至线段"对话框内输入的信息包含：

编号：指需要分割的线段数量。

距离：指所选的线段长度。

线长度：指所需分割或线段的长度。输入空白长度后，线长度会自动调整尺寸。

空白长度：指线段之间的距离。

线特性：绘图/裁剪实践在外部图形之之前或之后。

指令：指输出时的模式。

工具编号/层数名称：可以不设定此栏，自动采用预设模式。

图3-5-10　分割内部图形或线段

8.【线与线段之间】

在纸样内加相等的线段。

操作方法：选本工具。顺时针选点"3"、点"4"、点"1"、点"2"，输入线的数量，还可以给加入的线段命名，如图3-5-11所示。

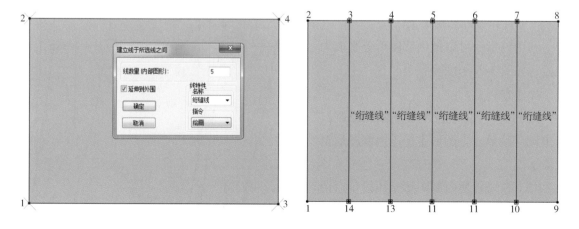

图3-5-11　加平行线段

9.【对齐点】

该功能可将选择的连串点或指定点改成水平或垂直状态对齐，如图 3-5-12 所示。

图3-5-12　调整线段水平或垂直

操作方法：

（1）先顺时针方向选择需要调整线段的两个端点。

（2）点击设计菜单→【图形】→【对齐点】，出现"对齐点"对话框。在对话框内先选取【第一】或【最后】点，然后点击【水平】或【垂直】，则点会按所选择的对齐。

10.【圆角】

用该功能可使图形上的角成为圆角，如图 3-5-13 所示。

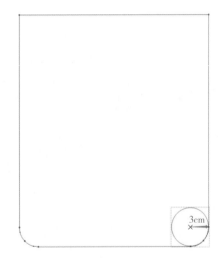

图3-5-13　圆角

操作方法：顺时针选择点"4"、点"1"，点击设计菜单【图形】→【圆角】，在对话框内输入半径数值，顺时针拖曳圆角工具箭头可以同时在多个点上建立圆角。如圆角半径是大于点的前一点或下一点的长，可以不勾选"固定自我相交"不要选择上。

11.【裁剪圆角】

该功能可裁剪边角，如图 3-5-14 所示。

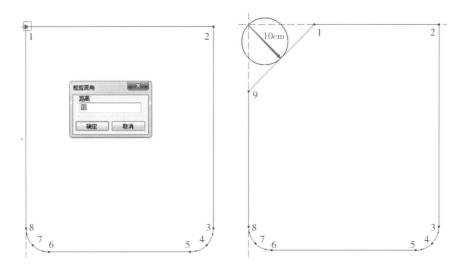

图3-5-14　裁剪边角

操作方法：选择需要裁剪的点"1"，点击设计菜单→【图形】→【裁剪圆角】。出现"裁剪圆角"对话框，输入裁剪半径，点击"确定"。

12.【设定角度】

该功能可以设定点角度，如图 3-5-15 所示。

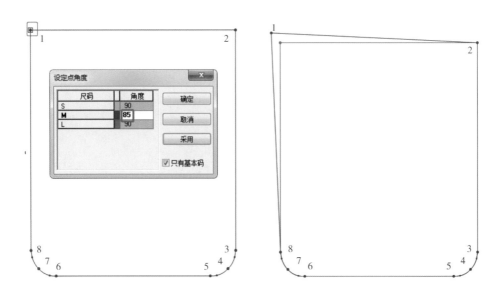

图3-5-15　角度变化

操作方法：选择需要设定角度的点 1，点击设计菜单→【图形】→【设定角度】，在出现的"设定点角度"对话框"角度"项下输入数值85，点击"确定"。

13.【内图过度切割】

当使用该工具操作时，内部的轮廓成为一个非封闭的图形。

操作方法：选取此工具，在封闭的内部轮廓线上单击。

四、【内部变形】

1.【转移圆形至图形】

该工具可将辅助圆形转换至图形。

操作方法：

（1）选择辅助圆形，点击设计菜单→【内部变形】→【转移圆形至图形】。

（2）出现"圆形"对话框输入点的数值，点击"确定"。

2.【转换圆形至钮位】

该工具可将辅助圆形转换至钮拉。

操作方法：选择辅助圆形，点击设计菜单→【内部变形】→【转移圆形至钮拉】。

3.【转换钮拉至圆形】

该工具可将钮位转换至辅助圆形。

操作方法：选择辅助圆形，点击设计菜单→【内部变形】→【转移钮拉至圆形】。

五、【剪下】

1.【平行裁剪】

使用该命令可以依所选轮廓线建立平行线，并将其裁剪生成独立的两个样片，如图3-5-16所示。

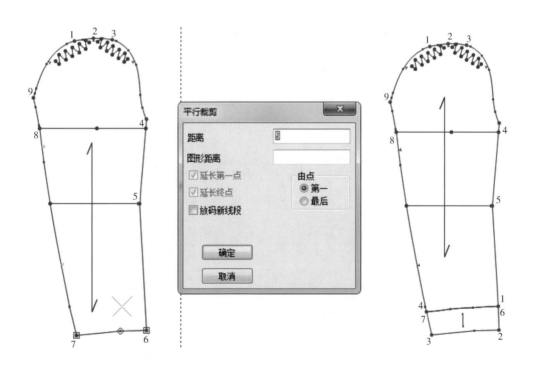

图3-5-16 平行裁剪样板

操作方法：

（1）顺时针选择图上 6 点、7 点，点击设计菜单→【剪下】→平行裁剪。

（2）在【平行裁剪】对话框内输入距离数值，点击"确定"。

（3）在"缝份特性"对话框按需要加上缝份数值。

2.【水平裁剪】

依所选轮廓线或点建立水平线，并将其裁剪生成独立的两个样片，如图 3-5-17 所示。

操作方法：

（1）选择要水平裁剪的纸样，点击设计菜单→【剪下】→【水平裁剪】。

（2）在"移动裁剪线"对话框内输入距离数值，点击"确定"。

图3-5-17　水平裁剪样板

（3）在"缝份特性"对话框按需要加上缝份数值。

3.【垂直裁剪】

该命令依所选轮廓线或点建立垂直线，并将其裁剪生成独立的两个样片。

操作方法：

（1）选择要垂直裁剪的纸样，点击设计菜单→【剪下】→【垂直裁剪】。

（2）在"移动裁剪线"对话框内输入距离数值，点击"确定"。

（3）在"缝份特性"对话框按需要加上缝份数值。

4.【按辅助线裁剪】

该功能可以依所设定轮廓线裁剪，生成独立的两个样片，如图 3-5-18 所示。

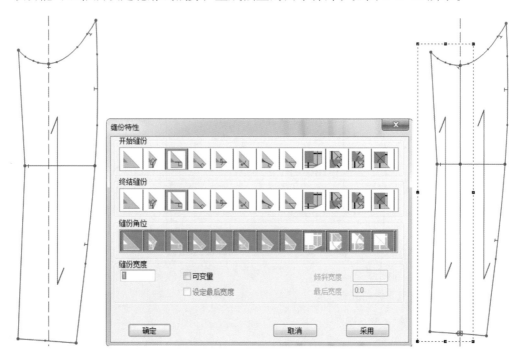

图3-5-18　辅助线裁剪样板

操作方法：

（1）在纸样上设定辅助线的正确位置，点击设计菜单→【剪下】→【按辅助线裁剪】。

（2）在"缝份特性"对话框按需要加上缝份数值。

5.【建立多个垂直裁剪】

依所选纸样做垂直裁剪，生成独立的多个样片，如图3-5-19所示。

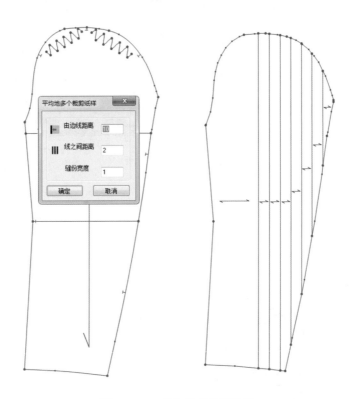

图3-5-19　多个垂直裁剪样板

操作方法：

（1）选择要垂直裁剪的纸样，点击设计菜单→【剪下】→建立多个垂直裁剪。

（2）在"平均地多个裁剪纸样"对话框内输入边距离数值和线之间距离数值，如需要缝份的输入缝份宽度数值，点击"确定"。

六、【建立偏移】

操作方法：

（1）选择要建立偏移的纸样，点击设计菜单→【建立偏移】如图3-5-20所示。

（2）在"按偏移建立内部图形"对话框内输入偏移数值，点击"确定"。

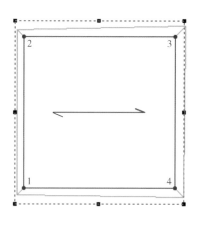
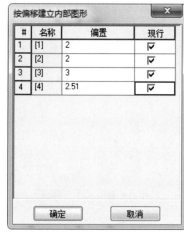

图3-5-20 偏移样板

七、【连接点】

1.【建立点连接】

操作方法：选择内部点，点击设计菜单→【连接点】→【建立点连接】，创建一个点连接，修改轮廓时样板和线之间是联动的，如图 3-5-21 所示。

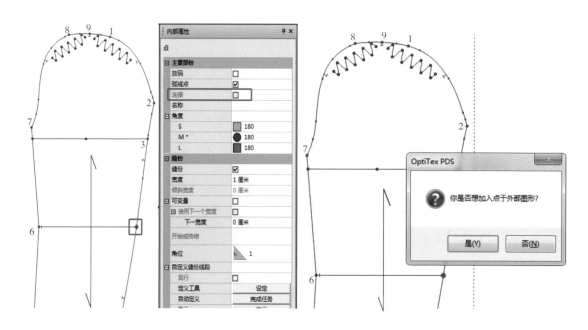

图3-5-21 建立连接点

2.【加入点及建立连接】

为纸样内部点建立与纸样轮廓的连接，如图 3-5-22 所示。

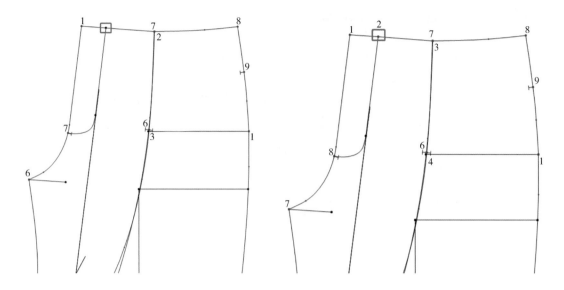

图3-5-22 加入点及建立连接

操作方法：选择纸样内部点，点击设计菜单→【连接点】→【加入点及建立连接】，选择添加点命令，点变成放码点的属性并创建连接。

3.【删除连接】

该工具可以删除点连接。

4.【连接点组别】（图 3-5-23 ）

图3-5-23 建立点组别

注：点连接组别框里有以下信息：

纸样：样片的名称。

点编号：该组别点的数量。

建立组别：选择一个点，然后点击创建点连接。

删除组别：选择点连接组别，点击删除连接。

关闭：关闭窗口。

八、【内部到纸样】/【纸样到内部】

用该指令可以转换纸样成为内部图形或将内部图形转换成纸样。

操作方法：

（1）选择纸样放入指定位置，点击设计菜单→【内部到纸样】/【纸样到内部】→【转换纸样至内部】或【复制纸样至关闭内部】。

（2）选择内部图形，点击设计菜单→【内部到纸样】/【纸样到内部】→【转换内部至纸样内部对象】或【复制内部至纸样】。

九、【相等线段】（图3-5-24）

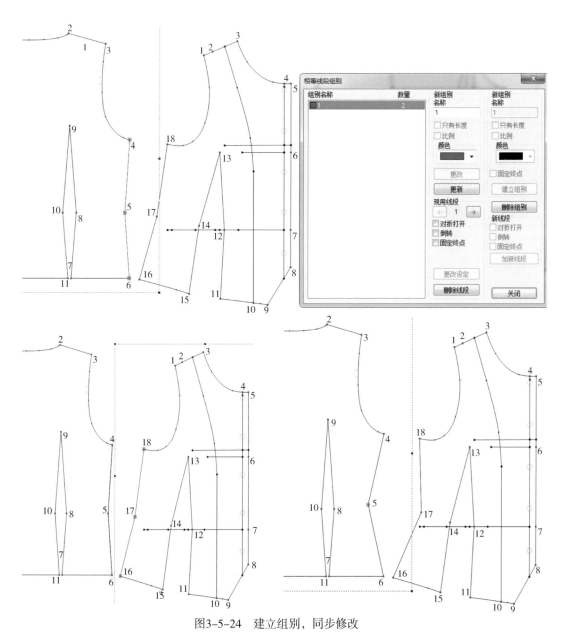

图3-5-24　建立组别，同步修改

操作方法：

（1）选择相等线段，点击【菜单】→【设计】→【相等线段】→【定义】。

（2）出现【相等线段组别】对话框，选【建立组别】，输入组别名称。

（3）选择需要相等线段第二段线，点击【加新线段】，输入另一组别名称。

（4）当修改组别中的其中一条线，另一线段都作相应修改。

（5）颜色：在作相等线段时，可将线段显示为不同颜色。

第六节　PDS工具菜单

工具菜单下拉子菜单，如图 3-6-1 所示所示。

图3-6-1　工具下拉子菜单

一、【缝份】

1.【设定基本缝份】

该工具用来设定所有纸样相同缝份，如图 3-6-2 所示。

操作方法：点击工具菜单→【缝份】→【设定基本缝份】，输入缝份宽度，选择纸样选项，点击"确定"。

2.【全部重新计算缝份】（图 3-6-3）

操作方法：点击工具菜单→【缝份】→【全部重新计算缝份】，选择【纸样选项】，点击"确定"。

3.【重新计算线段】

该工具可以刷新整理线段。

图3-6-2　设定缝份　　　　　　　　　图3-6-3　重新计算缝份

4.【更新剪口】、【死褶】和【生褶】

该工具可以更新剪口、死褶和生褶的缝份，如图 3-6-4 所示。

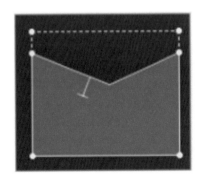
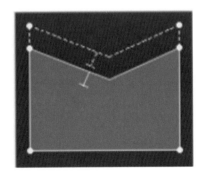

图3-6-4　更新剪口等

5.【更新已有放码缝份】

快捷键为【G】，该工具可更新已放码样板的缝份，如图 3-6-5 所示。

6.【转换裁剪】/【车缝】

快捷键为【F5】，利用该工具可将裁剪线和车缝线交换以查看样片，只用于工作区内选定的当前纸样。

7.【转换纸样到裁剪】/【转换纸样到车缝】

快捷键为【Ctrl】+【F5】/快捷键为【Shift】+【F5】，可将裁剪线和车缝线交换查看样片，如图 3-6-6 所示。

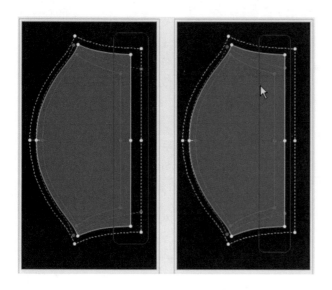

图3-6-5　更新放码缝份　　　　　　　　图3-6-6　裁剪和车缝的转换

8.【移除缝份】

快捷键为【Shift】+【F5】，该工具作用是删除纸样缝份。

9.【移除线段缝份】

该工具用于删除指定线段缝份。

10.【转换缝份为内部】

该工具将轮廓线和缝份线的表现形式进行转换。

操作方法：选择样片，点击工具菜单→【缝份】→【转换缝份为内部】，出现如图 3-6-7 所示对话框，选择需要的选项，点击"确定"，如图 3-6-8 所示。

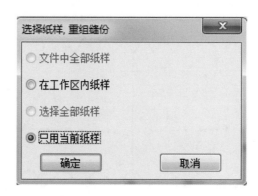

图3-6-7　缝份显示对话框

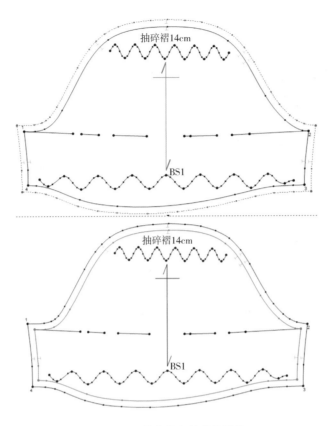

图3-6-8　轮廓线和缝份线转换

11.【转换所选内部缝份】

该工具可对转换缝份为内部的样板进行内部缝份的线条变化。

操作方法：选中图 3-6-9 中的红线，转换所选内部缝份工具才能处于可使用状态。点击此工具完成所选内部缝份转换，如图 3-6-10 所示。

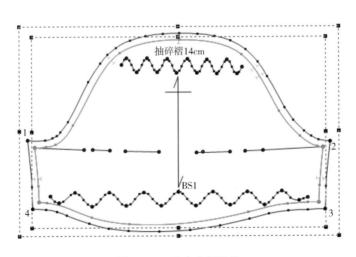

图3-6-9　选中内部缝份

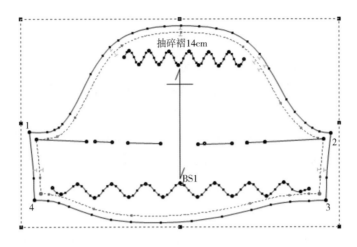

图3-6-10　所选内部缝份转换

12. 【转换车缝内部为缝份】

该工具作用与【转换所选内部缝份】工具一样，只是在操作上有不同，此工具不需要选中如图 3-6-9 中红线所示，只需选中样片即可。

13. 【复制缝份】/【贴入缝份】

操作方法：

（1）选择【复制缝份】工具，顺时针选中需要复制缝份的线段。

（2）然后选择【粘贴缝份】工具，顺时针选取需要粘贴缝份的线段。

二、【死褶】

1. 【开启死褶】（图 3-6-11）

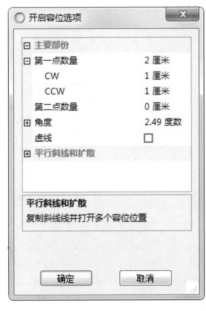
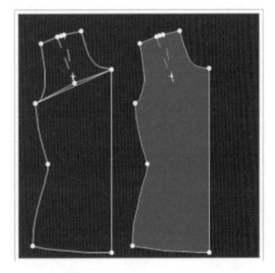

图3-6-11　开启死褶

操作方法：

（1）点击已设定要加褶的点。

（2）按工具菜单→【死褶】→【开启死褶】。

（3）在"开启容拉选项"对话框内输入第一点数量（指宽度）数值，按【确定】。

2.【建立多个死褶】（图 3-6-12）

操作方法：顺时针方向选取要加褶的线段，点击工具菜单→【死褶】→【建立多个死褶】；在"开启多个死褶"对话框内输入死褶数量、宽度、深度等数值后，点击"确定"。

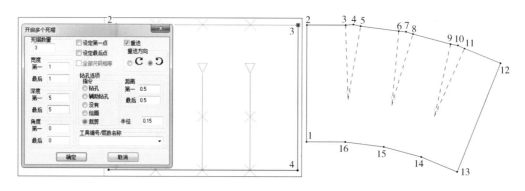

图3-6-12　建立多个死褶

> 注：设定第一点和设定后点如果打勾指所加入褶的位置是在选定线段的两个端点上。

3.【再开始死褶】/【关闭死褶】

该工具是再开始死褶与关闭死褶一起使用，如图 3-6-13 所示。

操作方法：

（1）点击死褶的省尖，使死褶处于被选中的状态。

（2）选取工具菜单→【死褶】→【关闭死褶】，样片呈现省道缝合后的状态，可用于检查线段形状及走势，以便进行修改。修改好之后，选取菜单栏→【工具】→【死褶】→【再开始死褶】，打开省道。

4.【拱起及裁剪死褶】（也称作弧形及裁剪死褶）

该工具可将已做好的省道改成弧线，如图 3-6-14 所示。

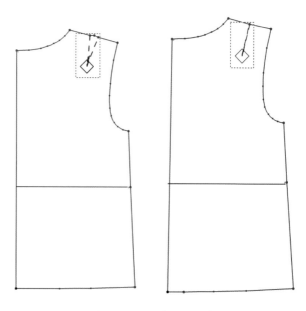

图3-6-13　开启/关闭死褶

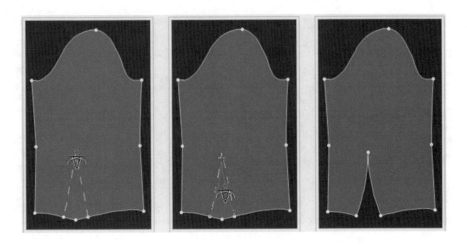

图3-6-14　修改省道线

操作方法：点击该工具，再点击省尖。向内或向外拖动线段，使两条省道线变成两个圆形轮廓线，并且可对其进行修改。

注：如果同时按下【Shift】线，可变成圆形轮廓线。

5.【复制死褶】/【贴上死褶】（图 3-6-15）

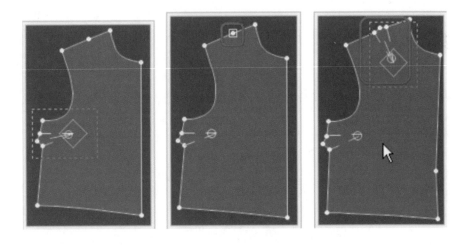

图3-6-15　复制/贴上死褶

操作方法：

（1）点击死褶的省尖，使死褶处于被选中的状态。

（2）选取菜单栏→【工具】→【死褶】→【复制死褶】，选中需要加死褶的点，选取菜单栏→【工具】→【死褶】→【贴上死褶】。

6.【裁剪死褶】/【裁剪全部死褶】

该工具可把死褶剪去变成裁剪线，如图 3-6-16 所示。

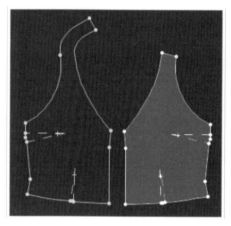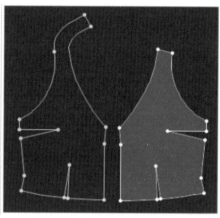

图3-6-16　裁剪死褶

操作方法：

（1）点击死褶的省尖，使死褶处于被选中的状态。

（2）选取菜单栏【工具】→【死褶】→【裁剪死褶】/【裁剪全部死褶】操作。

7.【死褶中心点至点】

该工具可进行省道转移，如图 3-6-17 所示。

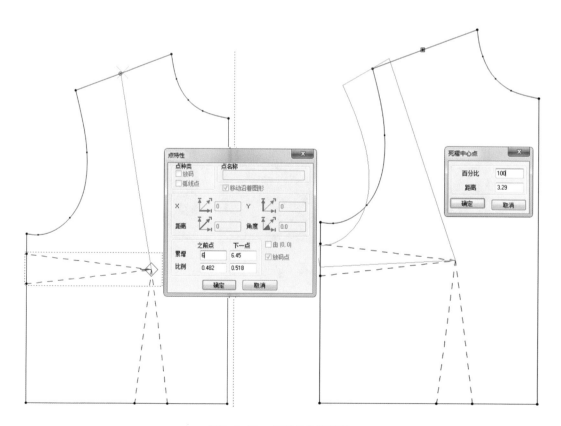

图3-6-17　点至点省道转移

操作方法：

（1）用软件默认工具选择一个死褶。

（2）选择【死褶中心点至点】工具，点击死褶褶尖，显示【点特性】对话框，输入之前点或下一点数值。点击"确定"。显示【死褶中心点】对话框，输入距离数值，按【确定】。

8.【死褶中心点至周围中心】

可在死褶的中心线位置设定一个新省尖，进行省道转移，如图3-6-18所示。

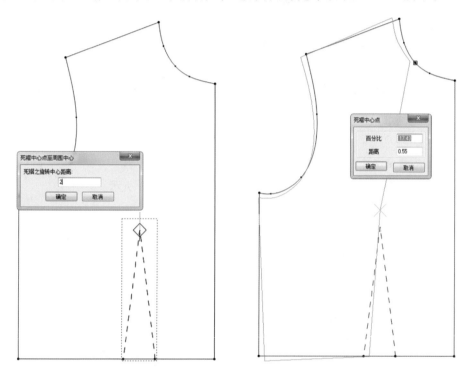

图3-6-18　由新省尖进行省道转移

操作方法：

（1）用软件默认工具选择一个死褶。

（2）选择【死褶】→【死褶中心点至周围中心】工具，点击死褶褶尖，显示"死褶中心点至周围点"对话框，输入距离数值，点击"确定"。

（3）沿线选择死褶位置，显示"死褶中心点"对话框，输入距离数值，点击"确定"。

9.【固定死褶】

该工具可用于修正长度不相等的死褶或不正确的重叠，如图3-6-19所示。

操作方法：

（1）用软件默认工具选择一个需要修正的死褶。

（2）选择工具菜单→【死褶】→【固定死褶】工具，点击省尖，显示【固定死褶】对话框，选择合适的固定方法，点击"确定"。

（3）沿线选择死褶位置，显示"死褶中心点"对话框，输入距离数值，按【确定】。

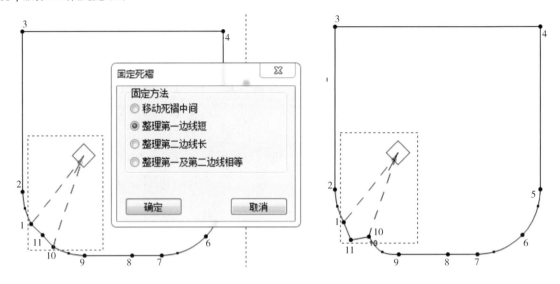

图3-6-19　修正省道

10.【修改死褶重叠】

该工具可以根据缝制时省道的倒向修正省道，如图3-6-20所示。

操作方法：

（1）用软件默认工具选择一个死褶。

（2）选择按路经【工具】菜单→【死褶】→【修改死褶重叠】工具，点击省尖，显示"更改死线于纸样上"对话框，选择缝制时需要的方法"点亮"只选择【死褶】。点击"确定"。

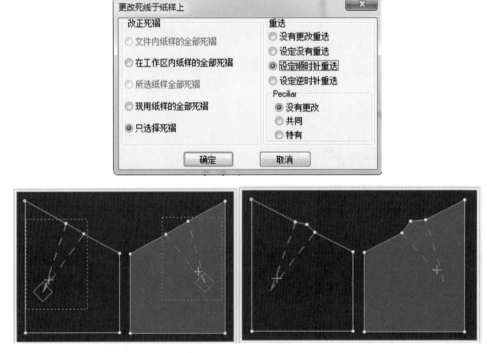

图3-6-20　修改死褶重叠

三、【容位】

1.【插入容位】

该工具可以用来插入单个褶裥量，如图 3-6-21 所示。

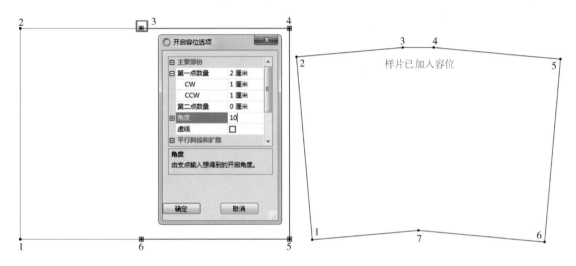

图3-6-21 加入单个容位

操作方法：

（1）用软件默认工具在样片上选取已设定的加容位的点。

（2）点击工具菜单→【容位】→【插入容位】。

（3）在【开启容位选项】对话框内输入第一点数量值，按【确定】。

2.【开启多个容位】

该工具可一次插入多个褶裥量。

操作方法：

（1）用软件默认工具在样片上选取需要加入多个容位的线段。

（2）点击工具菜单→【容位】→【插入多个容位】。

（3）在"开启多个容位"对话框内输入编号宽度、数值等所需，点击"确定"。数值指加入容位的数量，宽度指容位（褶裥）的大小，如图 3-6-22 所示。

> **注：** 编号指褶的数量。宽度第一指第一个褶的宽度，最后指最后一个的宽度，如果第一和最后的宽度相同，中间还有褶，中间也都是同一个宽度。如果第一和最后的宽度不相同，例如第一是1，最后是3，共有4个褶，那么中间2个褶量是递增的，即第一个是1，第二个是1.67，第三个是2.33，第四个是3。

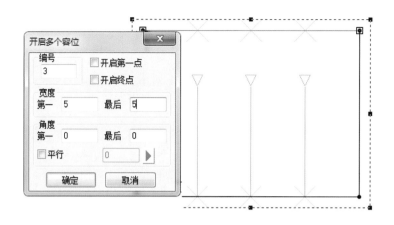

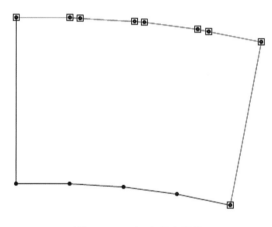

图3-6-22　加入多个容位

3.【关闭容位】

操作方法：

（1）用软件默认工具选取容位的两个点。

（2）按【菜单】→【工具】→【容位】→【关闭容位】。

四、【生褶】

1.【加入生褶锤状线】

该工具可以加入锤状线做褶。

操作方法：

（1）用软件默认工具选取锤状线的开始点点"2"，按住【Ctrl】或【Shift】选第二点点"5"，如图 3-6-23 所示。

（2）点击【菜单栏】→【工具】→【生褶】→【加入生褶锤状线】，如图 3-6-24 所示。

（3）双击虚线，出现"内部属性"对话框，选择生褶的款式、输入褶的深度，还可设定可变量（指褶的上口和下口不一样大小），设定完成在开启后打勾，如图 3-6-25 所示。

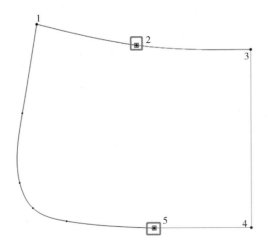

图3-6-23　选取生褶锤状线点

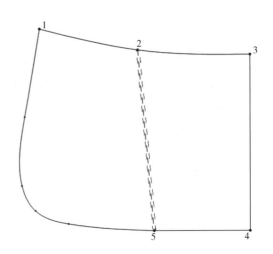

图3-6-24　加入锤状线

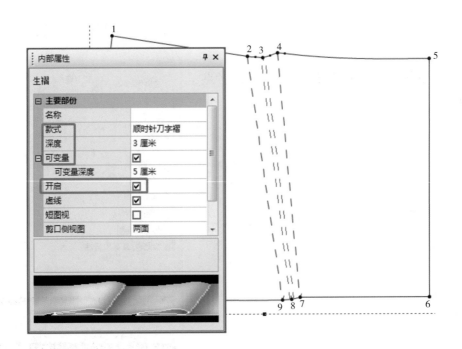

图3-6-25　开启褶

2.【加入生褶角度】

该工具可加入角度锤状线做褶，如图 3-6-26 所示。

操作方法：

（1）用软件默认工具选取锤状线的开始点。

（2）点击菜单栏→【生褶】→【加入生褶角度】，输入生褶角度，点击"确定"。

（3）双击虚线，出现"内部属性"对话框，其余操作方法同加入【生褶锤状线】。

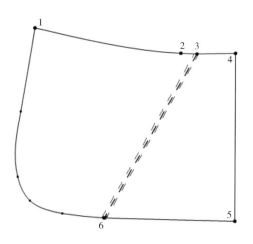

图3-6-26　加入锤状线做褶

3.【生褶特性】

该工具用于打开"生褶内部属性"对话框，如图3-6-27所示。

注：在对话框里有以下项目需要添加内容或者点击、勾选：

名称：指该生褶的名称。

款式：褶的类型。

深度：褶的深度，刀褶是指褶的1/2，盒字褶是指褶的1/4。

可变量：设置褶的底部的宽度。

虚线：褶以虚线形式显示。

4.【移除生褶】/【删除全部生褶】

该工具用于将已打开的褶线移除，但褶量还存在，如图3-6-28所示。

操作方法：

（1）用软件默认工具单击已打开的生褶线。

（2）点击【菜单】→【工具】→【生褶】→【移除生褶】/【删除全部生褶】。

5.【开启已选生褶】/【开启全部生褶】（图3-6-29）

操作方法：

（1）用软件默认工具选取生褶线。

（2）点击菜单栏→【工具】→【生褶】→【开启已选生褶】/【开启全部生褶】。

图3-6-27　生褶特性对话框

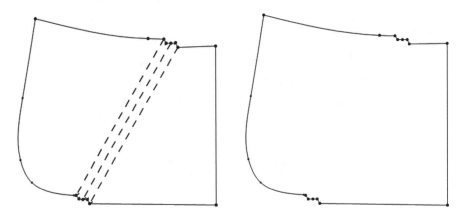

图3-6-28 移除褶线

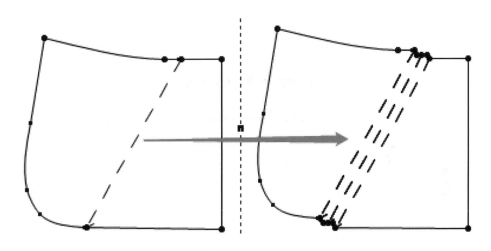

图3-6-29 开启褶

6.【关闭选择生褶】/【关闭全部生褶】（图3-6-30）

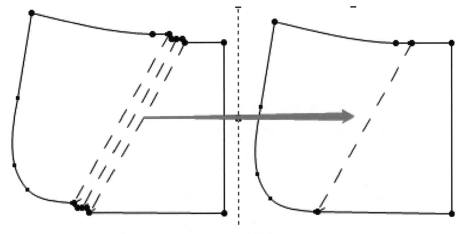

图3-6-30 关闭褶

操作方法：

（1）用软件默认工具选取褶。

（2）按菜单栏→【工具】→【生褶】→【关闭已选生褶】/【关闭全部生褶】。

7.【建立工字褶或刀褶】

在样片上建立【工字褶】和【盒子褶】，如图3-6-31所示。

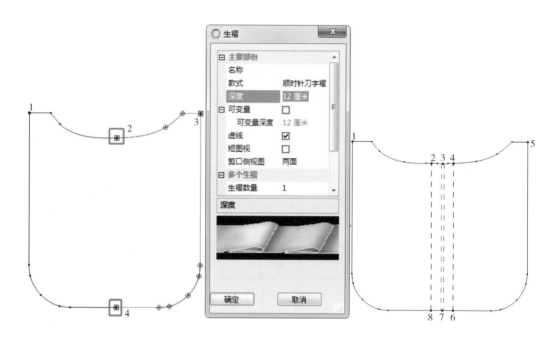

图3-6-31　建立工字褶或刀褶

操作方法：

（1）用软件默认工具选褶位的第一个点点"2"，拖移工作链至第二个点点"4"。

（2）按菜单栏【工具】→【生褶】→【建立工字褶或刀褶】。

（3）在【生褶】对话框内输入褶深，根据样板设计需要输入可变量深度和生褶的数量，点击"确定"。

8.【建立多样生褶】（图3-6-32）

操作方法：

（1）用软件默认工具顺时针选择点"2"至点"4"的生褶线段。

（2）按菜单栏→【工具】→【生褶】→【建立多样生褶】。

（3）在【多建立个生褶】对话框内输入生褶数量、角度、深度等的数值，点击"确定"。

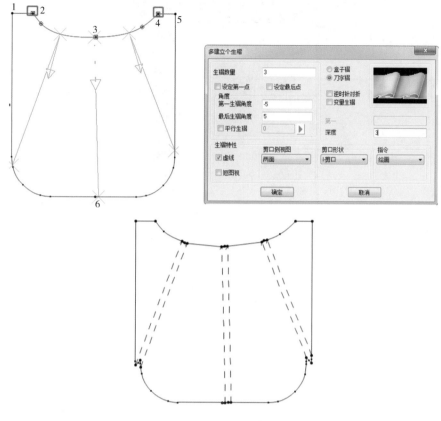

图3-6-32　建立多样生褶

五、【编辑线段】

【编辑线段】→【复制 / 显示】，如图 3-6-33 所示。

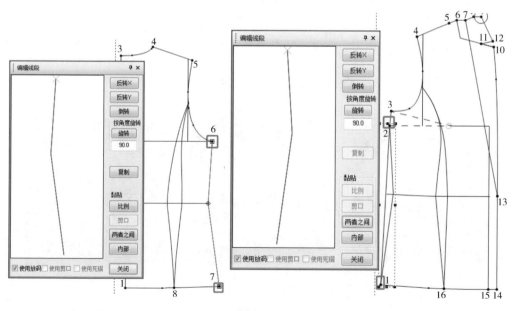

图3-6-33

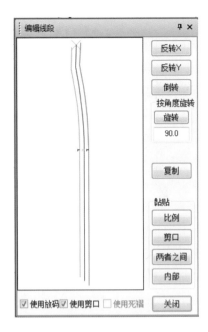

图3-6-33　编辑线段

操作方法：

（1）选择点图上"6"、点"7"需要复制的线段，点击工具菜单→【编辑线段】→【复制】。

（2）出现"编辑线段"对话框，点击"反转X"线段沿X轴反转。

（3）选择两者之间，点击点"2"、点"1"间，线段就被复制到前片侧缝上，选择【交换线段】工具 交换轮廓线和线段，使被复制的线段改变成轮廓线的属性。

注：使用放码：当选择使用放码时，对话框会显示纸样齐码线段；

使用剪口：当选择使用剪口时，对话框会显示线段内有的剪口；

使用死褶：当选择使用死褶时，对话框内会显示线段内有的死褶。

【黏贴】→【比例】：按比例在选定的点粘贴复制的线段，如图3-6-34所示。

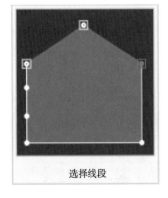
选择线段

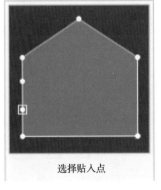
选择贴入点

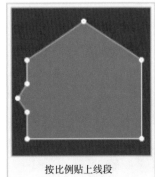
按比例贴上线段

图3-6-34　按比例贴上

【黏贴】→【剪口】：按剪口贴上，如图3-6-35所示。

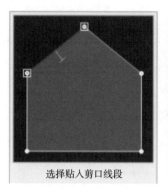  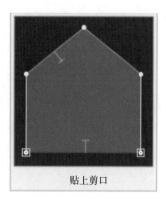

选择贴入剪口线段　　　　　　选择线段　　　　　　贴上剪口

图3-6-35　按剪口贴上

【黏贴】→【两者之间】：按两点之间贴上线段，如图3-6-36所示。

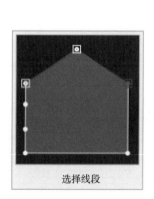 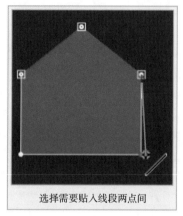 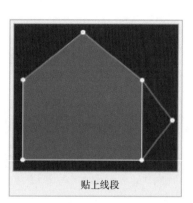

选择线段　　　　选择需要贴入线段两点间　　　　贴上线段

图3-6-36　按两点之间贴上

【黏贴】→【内部】：按内部贴上，如图3-6-37所示。

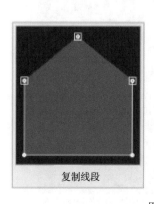 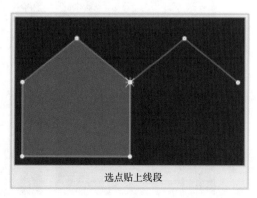

复制线段　　　　　　　　选点贴上线段

图3-6-37　按内部贴上

六、【痕迹线】

1.【痕迹线】/【显示痕迹线】

可以通过选择痕迹线查看样片修改效果，如图3-6-38所示。

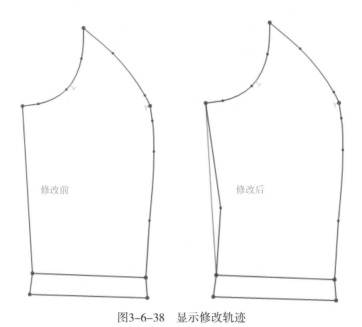

图3-6-38　显示修改轨迹

> 注：工具里痕迹线和显示痕迹线同时打勾时，会显示玫红色的线；将痕迹线和显示痕迹线的勾去掉，就可以不显示玫红色的线。如果在绘图过程中，没有玫红色的线出现，则显示痕迹线可以打勾。

2.【复原痕迹线】

使修改后的样片回复到修改前的状态，如图3-6-39所示。

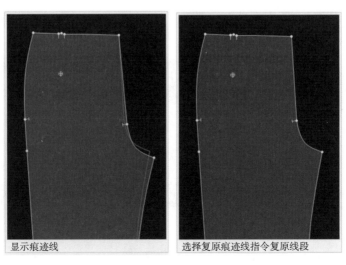

图3-6-39　样片回复修改前状态

3.【清除痕迹线】

使用该工具选择清除痕迹线选项，红色的痕迹线将消失，保留修改过的样片。

4.【抓取痕迹线】

该工具可对痕迹线进行再修改，如图 3-6-40 所示。

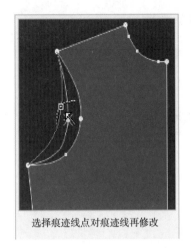

选择痕迹线点对痕迹线再修改

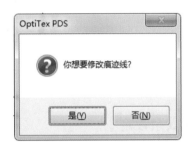

图3-6-40　对痕迹线进行再修改

七、【主题设定】

该工具是指用户按实际情况和个人喜好利用【主题设定工具】自定义界面内容的显示位置和颜色，如图 3-6-41 所示。

八、【自定义】

该工具是指用户按自己需要打开菜单和工具栏，如图 3-6-42 所示。

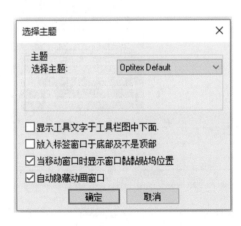

图3-6-41　界面显示

图3-6-42　工具条的开启

九、【重新安排工作】界面

该工具可以使界面回到默认状态，如图 3-6-43 所示。

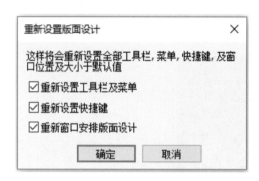

图3-6-43　界面默认值

十、【其余设定】

该工具可以按实际情况和使用者的习惯设定选项，如图 3-6-44 所示。

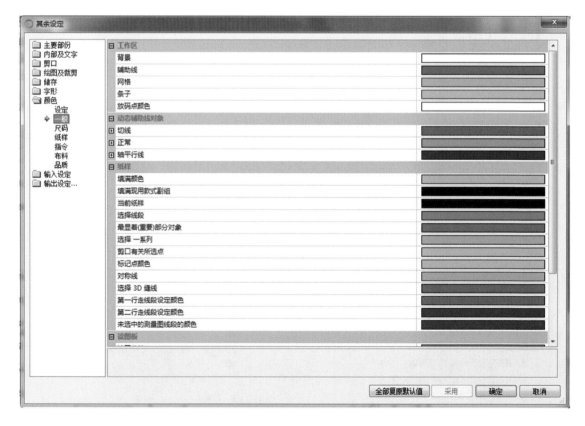

图3-6-44　界面及工具属性设置

注：点的抓取吸附力：【工具】→【其余设定】→【主要部分】→【抓取及的锁定】→抓取像素距离（基本调在10以内，不要太大，太大可能会吸附到另一个点上）

第七节 PDS视图菜单

视图菜单下拉子菜单，如图 3-7-1 所示。

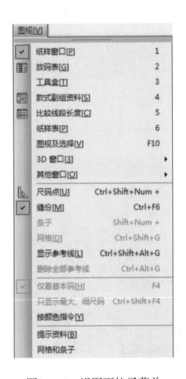

图3-7-1 视图下拉子菜单

一、【纸样窗口】

快捷键为【1】，是存放纸样的工具。

二、【放码表】

快捷键为【2】，可以显示纸样放码的信息。

三、【工具盒】

快捷键为【3】，显示在界面的左侧，可用于样板绘制工具之间的切换。

四、【款式副组资料】

快捷键为【4】，在整套纸样内选择个别纸样建立款式组合，在排料时使用。

操作方法：选中需要组合的样片，点击【建立】，点击【加入纸样】，如图3-7-2所示。

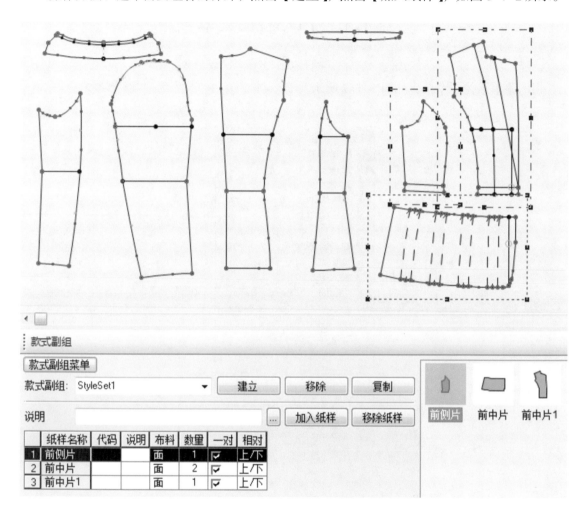

图3-7-2　建立样片组合

五、【比较线段长度】

快捷键为【5】，用以选择不同的线段相加比较长度，如图3-7-3所示。

操作方法：

（1）打开【视图】菜单→【比较线段长度】工具，顺时针选择袖山弧线的点，按对话框左下方"+"号；顺时针选择后片袖窿弧线的点，按对话框左下方"−"号；顺时针选择前片袖窿弧线的点，按对话框左下方"−"号；得出袖山弧线和袖窿弧线的差值。

（2）要查看长度的差异，可查看【总数】一栏。

（3）点击【清除】按钮，用来删除所有长度的测量表。

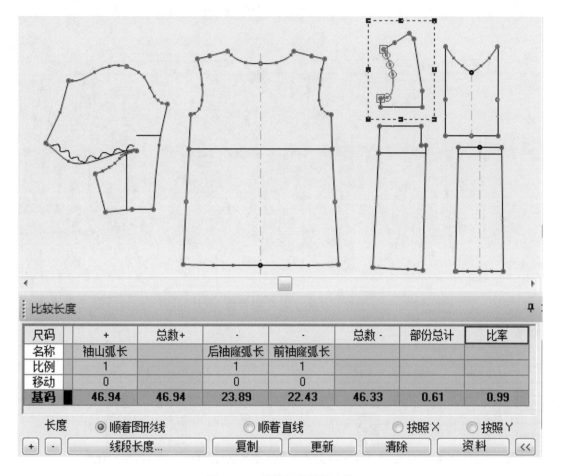

尺码	+	总数+	-	-	总数 -	部份总计	比率
名称	袖山弧长		后袖窿弧长	前袖窿弧长			
比例	1		1	1			
移动	0		0	0			
基码	46.94	46.94	23.89	22.43	46.33	0.61	0.99

长度　◉ 顺着图形线　　　　　◎ 顺着直线　　　　　◎ 按照X　　◎ 按照Y

[+] [−] 　线段长度...　　复制　　更新　　清除　　资料　[<<]

图3-7-3　线段长度进行比较

（4）长度有"沿着图形""沿着直线""沿着X和Y"三个选项，可以根据线段测量的性质进行选择。

注：先点击"+""−"再选择长度性质。

（5）点击【更新】，修改线段长度，再点击【更新】，数值随之发生变化，获得新的长度。

（6）点击【线段长度】按钮，在此对话框中可对线段进行编辑。

（7）如果将表中的数值复制到其他的应用程序，可使用【复制】按钮。

注：在图表中所列项目含义：
名称：指对测量线段进行命名。
比例：系统默认值为1，可以更改为2，指所测量线段长度变更为原来的2倍，但只是起到显示作用。
移动：系统默认值为1，可以更改为3，指所测量线段加长了3cm，但只是起到显示作用。

纸样表：（快捷键为【6】），将所有纸样显示在同一报表上，如图3-7-4所示。

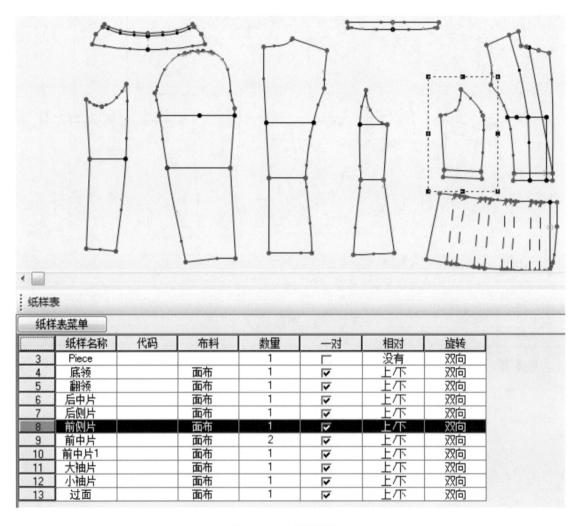

	纸样名称	代码	布料	数量	一对	相对	旋转
3	Piece			1	┌	没有	双向
4	底领		面布	1	☑	上/下	双向
5	翻领		面布	1	☑	上/下	双向
6	后中片		面布	1	☑	上/下	双向
7	后侧片		面布	1	☑	上/下	双向
8	前侧片		面布	1	☑	上/下	双向
9	前中片		面布	2	☑	上/下	双向
10	前中片1		面布	1	☑	上/下	双向
11	大袖片		面布	1	☑	上/下	双向
12	小袖片		面布	1	☑	上/下	双向
13	过面		面布	1	☑	上/下	双向

图3-7-4　全部样板信息

六、【视图及选择】

快捷键为【F10】，选择样板上的显示信息，即是否显示内部图形、线段、点、缝份等纸样资料对话框，⬛表示显示，◪表示有些信息显示，✖表示不显示，如图 3-7-5 所示。

七、其他窗口

【计算器】计算器窗格。

【尺码链】创建尺码表格，修改尺码颜色等相关资料。

【放码表库】可记忆放码组数值，用于复制相同的样片。

【屏幕坐标】箭头在屏幕移动时，显示坐标数值。

【测量尺寸图表】测量样片尺寸显示表格中。

【测量尺寸图表及浏览器】测量样片尺寸以MCD 文件格式保存。

【尺码点】界面标尺的显示。

【缝份】样片只看实线，将缝份隐藏。

【条子/网格】设立网格或条纹在屏幕上为修改样片作参考。

【显示参考线】协助修改纸样辅助线段。

【删除全部参考线】取消界面的辅助线。

【仅看基本码】快捷键为【F4】，只显示基本码。

【只显示最大，细尺码】只看最大，基本和最小码。

【按颜色指令】按预设的颜色显示样片。

【提示资料】可将需要提示的资料勾选上，在屏幕上显示出来。

【网格和条子】设定屏幕显示的网格和条子的尺寸。

图3-7-5 视图及选择特性对话框

学习重点及思考题

学习重点

了解文件编辑及工作区显示模式的设置，熟练掌握菜单栏中文件、编辑、纸样、放码、设计、工具、视图各工具的不同使用方法和作用，并能灵活运用，熟能生巧，举一反三。

思考与练习

1. 开启备份文件的方法。

2. 如何修改纸样资料中的名称、数量、布料等纸样信息？

3. 基本轮廓两种起图的方法练习。

4. 添加辅助线的方法。

5. 建立点连接的作用与方法。

6. 建立多个省道和多个褶裥的练习。

7. 比较线段长度在衣身与袖窿配比时的用法。

第四章 工具栏工具及功能

第一节 PDS一般工具

一般工具栏包含很多标准的 Windows 工具和一些 SGS 专用工具，如图 4-1-1 所示。下面对常用工具及其图标进行介绍。

图4-1-1 一般工具条

一、▶【选择】工具

快捷键为【End】，该工具也叫箭头工具，用于选取纸样、点和线段，用选择工具指向样片，双击鼠标左键会出现纸样资料对话框，包括点、握位、钮位或任何内部资料，双击鼠标左键会出现特性对话框。按鼠标右键会出现选择菜单。

注：双击"选择此工具"则刷新屏幕。

二、□【开新文件】

快捷键为【Ctrl】+【N】，用于建立一个新的 PDS 或 DSN 文件。一个 PDS 或 DSN 文件包含组成一件完整的服装或其他缝制产品所必需的全部纸样。

注：DSN是低版本的保存格式，PDS是10以上版本的保存格式。

三、▷【开启】

快捷键为【Ctrl】+【O】，打开工具可打开已存在的 PGM 纸样。

注：PGM的文件的扩展名为：DSN或PDS。
文件存储最后的目录是打开和保存命令的默认途径，使用浏览工具可选择不同的目录。

四、■【储存】

快捷键为【Ctrl】+【S】，保存工具可将屏幕上的文件以当前的文件名存储在当前路径下，并取代旧文件。如果建立了新的文件，但是并没有储存，电脑会跳出一个对话框，要求输入文件名。

> **注：** DSN或PDS扩展名自动地添加到文件名后面。
> 文件存储最后的目录是打开和保存命令的默认途径，使用浏览工具可选择不同的目录。

五、■【打印】

快捷键为【Ctrl】+【P】，可打印出 A4 或 A3 纸张范围内 1：1 样片或按纸张范围打印比例样片，也可以按适合比例打印所选择的样片和在工作区内所有样片。点击【打印】出来【打印】对话框，需要做打印预设如图 4-1-2 所示。

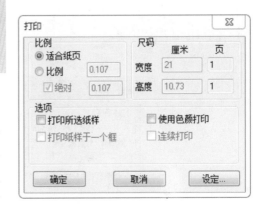

图4-1-2　打印对话框

> **注：** 在"打印"对话框中有"比例""尺码""选项"三组内容可以点击选择或添加设置。
> 适合纸页：列印的样片是按纸片的大小作合适的比例。
> 比例：在对话框内输入数字可列印不同比例样片。1为100%的实际比例，0.5为样片的50%的尺寸。
> 尺码：宽度和高度依比例大小出现尺寸。
> 页：依打印比例所需要的纸的页数。
> 选项：打印选项有只打印所选的样片、只打印样片在一个框内，而不是多个页面打印、使用彩色打印和当打印多页时，纸张间会有拼接标记四种，根据需要可以自选。

六、■【绘图】

快捷键为【Ctrl】+【L】，点击出来【绘图】对话框，其中"使用绘图机或裁剪机输出纸样""设定绘图机或裁剪机的驱动格式""纸张尺寸""字型设定""绘画的模式""分开每一个尺码""裁剪机内使用刀和笔等相关的资料"都在表格内设定如图 4-1-3 所示。

> **注：** 在"绘画"对话框有下列信息需选择或填写：
> 文件名称：指绘图文件的位置，如使用【网络绘图】需要按查找网络上连接绘图机的电脑名称及档案。
> 绘图机/裁剪机设定：按【设定】选择绘图机的驱动格式，如图4-1-4所示。

绘图机纸页尺寸：设定绘图机/裁剪机纸页尺寸。

X：设定纸的长度。

Y：设定纸的宽度。

比例系数：按比例绘画出样片。

输出管理员：是否需要使用输出管理员驱动绘图机，如只输出绘图档案，则不需要选择输出管理员。

输出管理员服务：可选择不同的输出管理员，【OCC】或【OUTMAN】。按【选择】找出对应的输出管理员档案。

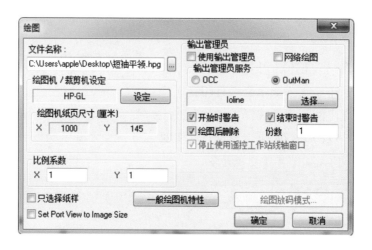

图4-1-3　绘图对话框

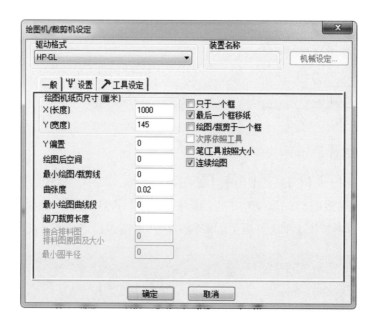

图4-1-4　绘图属性设定

七、 【按排工作区】

快捷键为【Ctrl】+【K】，该工具可以按排工作区内的纸样，以便进行绘图输出，如图4-1-5、图4-1-6所示。

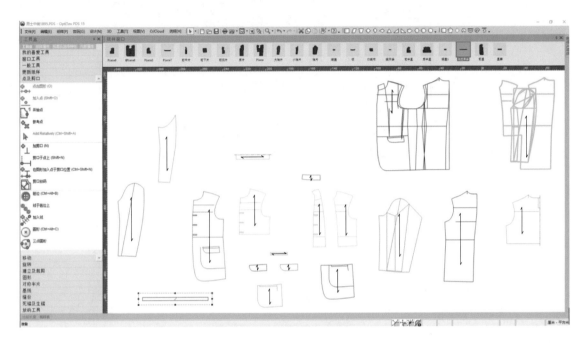

图4-1-5　按排工作区前纸样位置

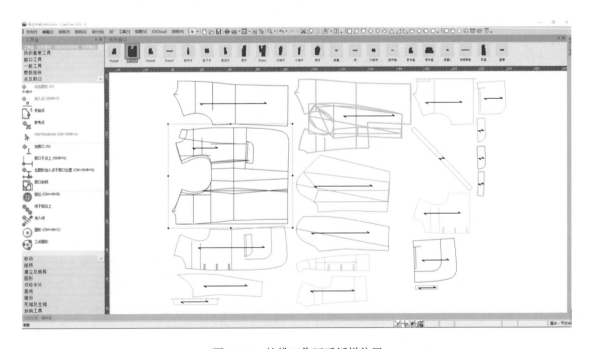

图4-1-6　按排工作区后纸样位置

八、🔲【按排绘图】

此工具可以按排工作区纸张的排列情况，如图 4-1-7 所示。

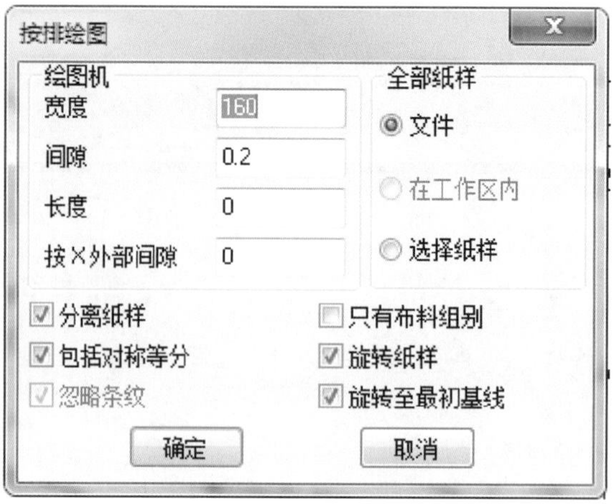

图4-1-7　按排绘图对话框

注：在"按排绘图"对话框中：

宽度：指当前绘图机纸的宽度。

间隙：是指样片与样片之间需要留的空隙。

长度：当指前绘图机纸的长度。

全部纸样：按需要选择文件、工作区内或选择纸样。

旋转纸样：旋转纸样以合适纸张的宽度。

旋转至最初基线：指旋转样片以适合基线。

九、🔲【Excel报告】

将现有纸样的资料输出为 Excel 表格形式，如图 4-1-8、图 4-1-9 所示。

纸样资料：包括长度、宽度、面积、裁剪长度、用料、样片形状等相关资料。

内部数据：包括扣位、裁剪图形、绘画图形的长度和数量等资料。

附加报告至现用文件：已有相同的档案名称，可附加在同一报告内的 Sheet2，Sheet3 等。

设定 Excel 文件开启：是否需要立刻开启该项 Excel 档案。

图4-1-8　选择报告内容

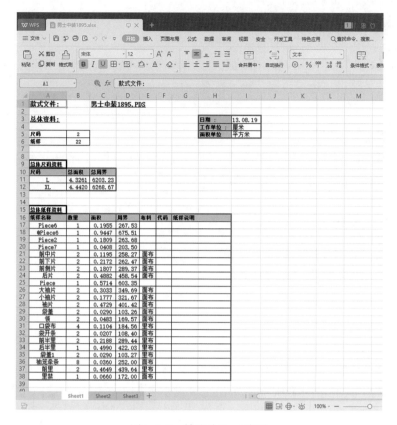

图4-1-9　输出为Excel表格

十、✎【读图】

进入读图功能，出现"读图板"对话框，首先把纸样贴在读图板上，没纸的外围线输入电脑内，读图的过程会在电脑画面上出现，如图 4-1-10 所示。

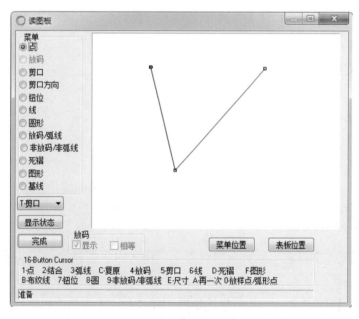

图4-1-10　读图板对话框

十一、 【矩形放缩】

快捷键为【Ctrl】+【Num+】，用于放大或缩小选定区域。可以使用鼠标中间的滚轮来进行操作，推动滚轮向前是缩小选区，推动滚轮向后则是放大选区。

十二、 / 【复原】/【再作】

快捷键为【Ctrl】+【Z】/【Ctrl】+【Y】，用于撤销/再作最近的操作，可以连续撤销/再作20次，不可以撤销"打开文件"的操作。

十三、 【裁剪】

快捷键为【Ctrl】+【X】，用于从文件中剪切纸样，剪切下的纸样放置在剪贴板上，直到被另外的文件所取代。此工具经常用于从一个现有的款式中剪切一个纸样然后粘贴到另外的款式文件中。

十四、 【复制】

快捷键为【Ctrl】+【C】，用于复制纸样。复制的纸样放置在剪贴板上，直到被另外的文件所取代。此工具经常用于从一个现有的款式中复制一个纸样然后粘贴到另外的款式文件中。

十五、 【黏贴】

快捷键为【Ctrl】+【V】，用于将剪贴板上的文件粘贴到另一个文件。此命令是"复制"/"剪切"命令的第二步。

十六、 【更换旧有纸样】

此工具可把所有样片移回排列区内。

1. 【更新旧纸样】
此工具可确认已修改好的样片。

2. 【移除现用纸样】
此工具可把所选择的样片放回排列区内。

3. 【储存现用为新纸样】
此工具可把已修改好的样片储存为一块新样片，保留原来的样片。

十七、 【分开纸样】

快捷键为【F9】，选择此工具可全图观看在工作区内所选择的样片，把其余的纸样送回排列区。

【交换纸样】，使用该功能可将已作修改的样片与原来未修改的样片作比较。

十八、⑦【说明内容】

快捷键为【F1】，选择此工具可查询软件使用者所使用的软件的版本和密码狗的号码。这些信息对于软件使用者与 PGM 售后工程师联系是必需的。

十九、⚲【在线辅助说明】

快捷键为【Shift】+【F1】，该工具介绍可查看 Optitex 英文版使用说明书。

第二节　PDS插入工具

插入工具栏包括文件编辑工具，如删除纸样元素、添加牙口、缝份、褶子等，如图4-2-1 所示。

图4-2-1　插入工具条

一、点在图形上

1.⚘【点在图形上】

快捷键为【O】，使用此工具可在纸样轮廓线上添加点，还可自己决定点的类型。

操作方法：

（1）选取此工具，在需要加点处点击鼠标。如果移动点对话框被激活，出现"点特性"对话框，选取加入点的性质。

（2）点击"确定"。

注：①"放码"或"弧线点"，也可以不选，后续可以改动。接着在"之前点"或"下一点"与"累增"相对应的输入框中输入加入点的线段上的数值，以鼠标在线段上所点的位置为起点，沿轮廓顺时针靠这个位置最近的一个放码点，就是"下一点"；反之，逆时针靠这个点最近的一个放码点就是"之前点"，数值的输入无正负之分，只要输入其中一组，其余的另一组会自动计算。"比例"是以1为单位，输入0.5就表示加入的点是中点，如图4-2-2、图4-2-3所示。

②如果在加入点时没有确定点的属性，那么在绘图过程中可以随时双击点，或单击点按"Enter"，出现点特性对话框，可以改点的属性。

图4-2-2　点特性对话

图4-2-3　点的位置

2. 🔹【加入点】

快捷键为【Shift】+【O】，使用此工具可在纸样旁边加入点。这个工具会改变纸样的形状。当在纸样轮廓外或轮廓内加点时，最靠近此点的线段跳至点上，改变纸样的形状，使原来的线段变成两段。

操作方法：选取"加入点"工具，将此工具移动到欲添加点的区域并点击鼠标左键。在出现的"移动点"对话框，添加所选择点的绝对 X 或 Y 值的距离。点击"确定"。

二、【加剪口】

1. 🔹【加剪口】

快捷键为【N】，在样片的周界上加剪口。读图程序一结束就可以用此工具在纸样上很方便地添加剪口。剪口也是纸样轮廓上的记号点，帮助相关两片纸样的缝份能对接在一起。深度、宽度和角度三个参数确定剪口的位置和形状。在【工具】→【其余设定】→【剪口】菜单里也可以定义或改变剪口参数，如图 4-2-4、图 4-2-5 所示。

注："剪口"工具还用于确定Mark中的对条对格，条格匹配点在对条调整编号中。

操作方法：选择【加剪口】工具，将此工具移至添加剪口处，单击鼠标。"剪口特性"对话框允许确定剪口的形状、尺寸和确切的位置。

在"剪口特性"对话框，可以保存和添加、选定有关信息。

（1）种类：一共有六种类型的剪口可供选择：T、V、I、L、U、盒型剪口。一片纸样可有一种类型以上的剪口，打开下拉箭头框，可以看到剪口列表并做相应选择。

（2）尺寸：设定剪口的深度、宽度。深度指剪口的深度。一般剪口深度为 0.7，根据样片的类型和各公司的标准有所不同。宽度指剪口的宽度。宽度不适用于 I 型剪口。

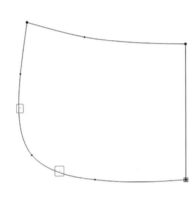

图4-2-4 加剪口   图4-2-5 剪口特性对话框

（3）对条调整：设定排唛架时对拉的编号。也可以用于排料中设定条对格的编号。

（4）尺码：用于显示当前纸样的尺寸。此信息只用于推档过的样板。

（5）比率：选中"按比例放码"后，剪口就按一定比例放置在两个放码点之间。

（6）由上一点距离：选择从前一点时，剪口在离开前一放码点一定距离。可以在纸样资料指定每个剪口的位置和特性。

（7）由下一点距离：选择由下一点时，剪口在离开下一个放码点一定距离。

（8）重新设置全部距离：如果用前面的三种方式（按比例放码、从前一点、从后一点）改变了剪口的位置，则可使用此工具再放码、移动剪口。

（9）只显示放样点距离：选取此项，所有的度量都只是从前或从后一放码点计算。如果不选，则所有的度量都是从前或后一点，无论是否是放码点。

> 注：①当此对话框打开时，各剪口都可以被选中和更改。
> ②将在各码上生成一个特定距离的剪口，使用"由上一点距离"或"由下一点距离"，这样所有码上的剪口都一样了。

（10）重新连接：用于重新设置连接原点的剪口。通常用于原点被删除，新的放码点需要与剪口连接起来时。

注：只有当放码比例对话框的值不在0到1时，"再连接"的命令才可激活。使用此命令将改变连接最近的放码点的剪口到放码点的距离比例。

（11）方向：选择加点上剪口的方向，可以按照角位、前一点、后一点三种方示选择方向。

（12）指令：绘图、裁剪、打孔。

（13）工具、层数：使用裁剪机的设定。

（14）角度：角度指剪口到纸样轮廓线的角度。要使剪口在纸样之外，设置角度为 -90°，V 型剪口在轮廓外，如图 4-2-6 所示。另一编辑剪口角度的方法是用鼠标设置。点击"按鼠标角度"再重新点击选定剪口的方向，这样剪口就会按照鼠标点击的方向。

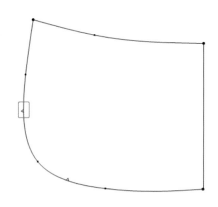

图4-2-6　-90° V型剪口

2. ⌐┘【加剪口于点中】

快捷键为【Shift】+【N】，此工具的作用等同于"加剪口"，不同之处在于必须在已有的点上加剪口，在无点的轮廓上不能使用，而【加剪口】工具无点时也可以加剪口。

操作方法：如果想在红色箭头所指的放码点上加上剪口，就要点击【加剪口于点中】这个工具，点击这个点相对应的净线上的点，如图 4-2-7 所示。

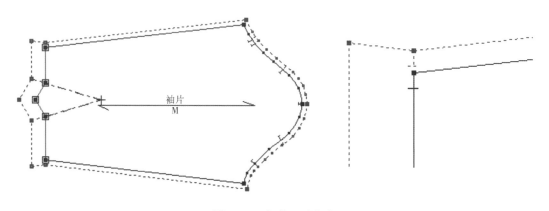

图4-2-7　加剪口于点中

而选用【加剪口】工具是不行的，加出的剪口，如图 4-2-8 所示。

3. ⌐┚【在全部剪口上加点】

快捷键为【Ctrl】+【Shift】+【N】，如果在线段上加剪口时，没有事先加好点，而直接加剪口，事后就可以用这个工具在剪口上加上放码点。但要注意，一般用这种方法加入点后，这个点放码，剪口是不会跟着这个点同步变化的。

4. ◩【剪口放码】

该功能可为添加上的剪口进行距离位置上的放码，如图 4-2-9 所示。

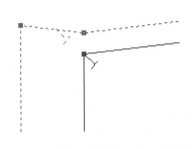

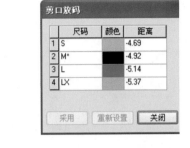

图4-2-8　使用【加剪口】工具效果　　　　　　图4-2-9　剪口放码

操作方法：用【加剪口】工具在纸样上添加剪口，选取【剪口放码】工具，点击剪口，然后再点击剪口放码参照点，出现对话框，输入距离。

三、【缝份】

1. 🖼 【缝份】

快捷键为【S】，该工具用于在样片上加缝份，同一块样片上可以加多种不同尺寸的缝份。

操作方法：

（1）选取此工具，在需要加缝份的位置上按鼠标左键，顺时针方向选取点到点或选线段。

注：不推荐选取曲线点作为添加缝份的起始点或结束点。

（2）出现【缝份特性】对话框，输入缝份的宽度，然后选择合适的缝份角位的类型。如果是标准的角，则不需要再选择，如图 4-2-10 所示。

（3）完成所有的设定后点击"确定"。

注：①如果添加缝份后纸样有任何其他的改变，则点击【F6】重新计算缝份值。
②选择纸样上的两点，可局部添加缝份。
③使用正缝份或负缝份取决于纸样的生成及描图的方式。输出时都是以最外圈的线为准，无论缝份是加在纸样内部还是纸样外部。
④要快速查看缝份是否已添加到纸样上，选取纸样上的一点，点击【Enter】键，当点的"内部属性"对话框显示时，可看到缝份的宽度值。

在"缝份特性"对话框中：

"开始缝份"：选择线段时点击的第一个点。

"终结缝份"：选择线段时点击的最后一点。

"角反折" ⊿⊿：可运用在如公主线分割后袖窿处的缝份，如图 4-2-11 所示。

"边反折" ◣◣：可运用在如一片袖的袖口处的缝份，如图 4-2-12 所示。

使用省道工具，点击省道的顶点并将光标拖动到新的开省处。

图4-2-10　缝份特性对话框

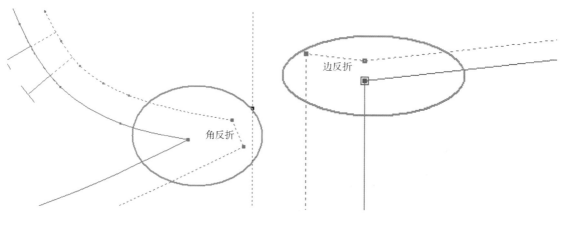

图4-2-11　角反折

图4-2-12　边反折

　　由于每种反折的工具有两个，操作时又不可能把握到底是哪一个，所以在选择后，可以先点击【采用】，看一下是否符合平时手工放缝的习惯要求；如果不对，可以选另一个再点【采用】看一下，如果是正确的，就点击"确定"。

　　在正规西服、上装后里和西裤后裆放缝时，我们常常看到线段上的缝份两端是不一样大小的，点击"可变量"激活"设定最后宽度"，激活后，点击"设定最后宽度"，激活"倾斜宽度"和"最后宽度"，在"最后宽度"中输入被修改线段上的另一个缝份值，点击"确定"。

注： 在【纸样属性】对话框内，"习性"中，"锁定自动从新计算缝份"后面方框内不要"√"选，否则缝份角位特性不更改，如图4-2-13所示。

2.  【移除缝份】

快捷键为【Shift】+【S】，利用这个工具可以除去样片上的所有缝份。

操作方法：选择需要删除的纸样（1个或多个都可以），选取此工具，则全部删除纸样上的缝份。

3. 【移除线段缝份】

快捷键为【Ctrl】+【Shift】+【Alt】+【S】，用此工具功能可以除去样片上某些线段的缝份。

操作方法：选取此工具，指向需要去除缝份线段的第1点，顺时针方向拖移工作链至第2点，则线段上的缝份会被移除，如图4-2-14、图4-2-15所示。

4. 【裁剪缝份角度】

不同缝份尺寸的斜角需要人工手动修改角位。蓝色圈中的缝份是直角。因为在裁床上，大型电剪刀没法转动切成直角，所以就要切了一点。

图4-2-13 纸样属性对话框

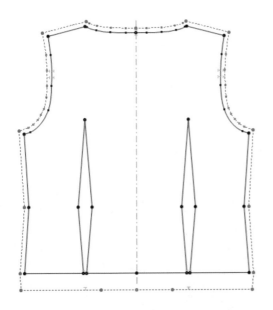

图4-2-14 删除缝份前

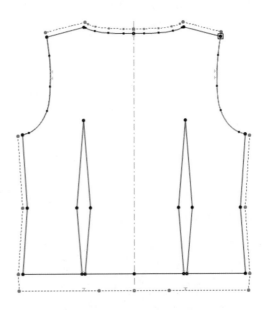

图4-2-15 删除缝份前删除缝份后

操作方法：在样片上建立缝份，点击【裁剪缝份角度】工具，然后用工具点击点"1"，拖移工作链至点"2"处单击一下左键，出现一个"点特性"对话框，点击"确定"；再点击要切的角，又出现"点特性"对话框，根据"之前点"或"下一点"输入切除量，点击"确定"，角就去除了，如图4-2-16~图4-2-18所示。

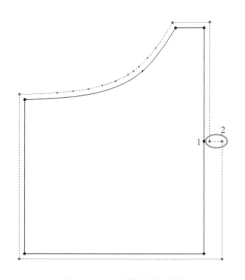

图4-2-16 原来缝份形状

5. 【复制缝份】/【粘贴缝份】

操作方法：选取【复制缝份】工具，顺时针选中需要复制缝份的线段，选取【粘贴缝份】工具，顺时针选取需要粘贴缝份的线段。

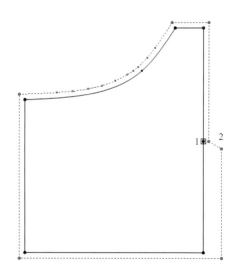

图4-2-18 已更改好缝份形状

图4-2-17 点特性对话框

四、【死褶】

（一）【加入或旋转死褶】

快捷键为【Ctrl】+【Alt】+【D】。此功能可加入或旋转死褶。此工具有三种使用方法。

1. 建立省道

操作方法：

（1）在要建立死褶的线段上设定两点，使点"1"至点"2"的距离是褶的尺寸大小。

（2）选取此工具，鼠标箭头在点"1"处按下，拖移工作链至点"2"再单击下，再拖移工作链至样片内部任何位置单击一下，出现死褶【内部属性】对话框，如图4-2-19所示。

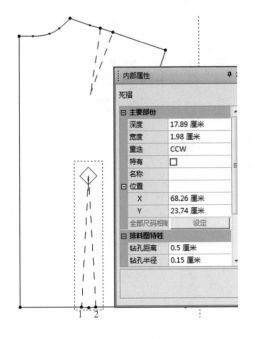

图4-2-19 建立省道

2. 省尖转移

建立死褶时省尖是依据点"1"和点"2"的平行方向，有可能不是你需要的位置，省尖位置可以修改。

操作方法：选取死褶工具，将鼠标箭头指向省尖位置，整个死褶会转变颜色，按一下鼠标左键，移动工作链至所在的位置，再按一下鼠标左键，出现"移动死褶"对话框，在对话框内按箭头方向输入 X 和 Y 的数值。点击"确定"，如图 4-2-20 所示。

3. 省道转移

操作方法：

（1）选取【省道】工具。

（2）在省道的中点，点击并按住鼠标左键。

（3）沿纸样边缘拖动光标至新的位置，再次点击鼠标，图 4-2-21 所示为省道转移后的新位置。

（4）要转移部分省道至侧缝处，点击点"1"并拖动光标至点"2"处，在点"2"处再次点击鼠标，弹出"死褶中心点"对话框，移动 50% 的省道。要将整个省道转移，需输入 100% 或 0，如图 4-2-22 所示。

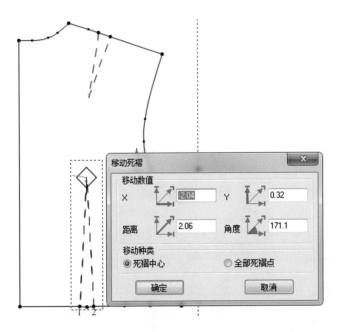

图4-2-20 褶尖转移

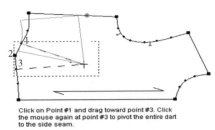

Click on Point #1 and drag toward point #3. Click the mouse again at point #3 to pivot the entire dart to the side seam.

图4-2-21 省道转移——省道转移后的新位置

（二）🥄【加入容位】

此功能可展开样片加容位，如图4-2-23所示。

操作方法：

（1）选取此工具（需要展开的位置先按）。

（2）鼠标左键在点"1"处按下，拖移工作链至点"2"，出现"开启容位选项"对话框，在"第一点数量"后的对应区输入容位的尺寸大小数值。第二点数量为容位底大小的尺寸，此步骤是选择性的，依款式而定。"角度"会自动作调整。

（3）点击"确定"。

图4-2-22　省道转移量

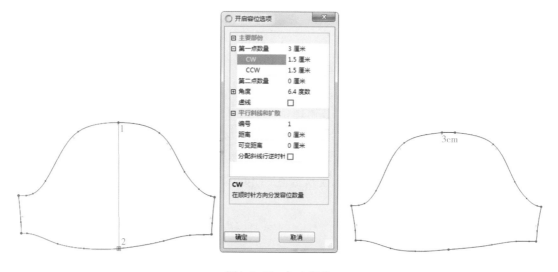

图4-2-23　加入容位

（三）🥄【按中心点建立死褶】

此功能可直接在纸样中展开建立死褶，如图4-2-24所示。

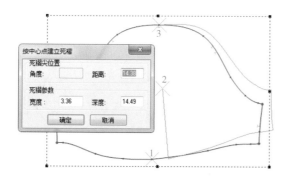

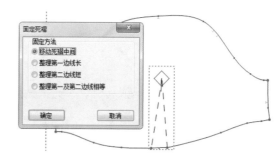

图4-2-24　纸样展开建立死褶

操作方法：

（1）选取此工具，在样片外围线需要加点的位置上点"1"处按一下左键。

（2）在设定褶尖的位置上点"2"处按一下。在对角线上点"3"处按一下。

（3）在点1按下逆时针方向拖移样片。

（4）出现"按中心点建立死褶"对话框，输入宽度和深度数值，点击"确定"。

（5）在"固定死褶"对话框内点选固定方法，点击"确定"。

此工具可以用来做泡泡袖，如图4-2-25所示。具体操作方法：

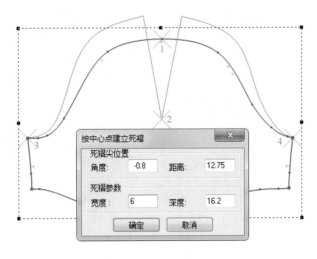

图4-2-25　泡泡袖的制作

（1）取此工具，首先点"1"，然后再点"2"，点"2"是死褶的中心点。

（2）再顺时针选择点"3"、点"4"。

（3）出现按中心点建立"死褶"对话框，填入相关的数值，点击"确定"。

（四）【编辑死褶中心点】

该功能可修改死褶宽度，其余的位置、形状保持不变。

操作方法：选取工具，点"1"省尖，省道被选中，出现"内部属性"对话框，在"宽度""深度"后对应处中填写调整后的数值，如图4-2-26所示。

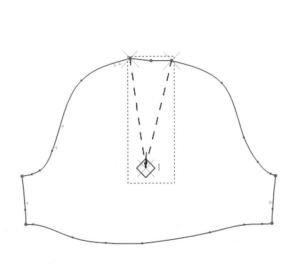

图4-2-26　修改死褶

（五）🦋【按中心点关闭死褶】

该功能可闭合省道，查看缝合后的效果。

操作方法：选取此工具，在点"1"省尖处点击，按住【Alt】并顺时针选择点"2"和点"3"，出现"点特性"对话框，点击"确定"，如图4-2-27、图4-2-28所示。

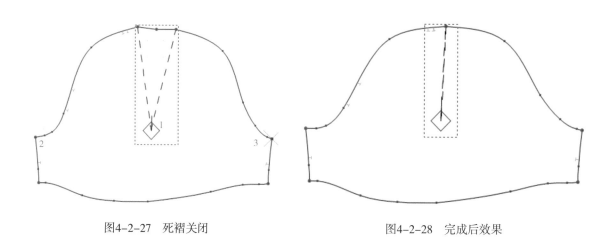

图4-2-27　死褶关闭　　　　　　　　　　　　　图4-2-28　完成后效果

（六）🦋【按弧裁剪死褶】

该功能可对死褶进行造型等方面的修改，如图4-2-29、图4-2-30所示。

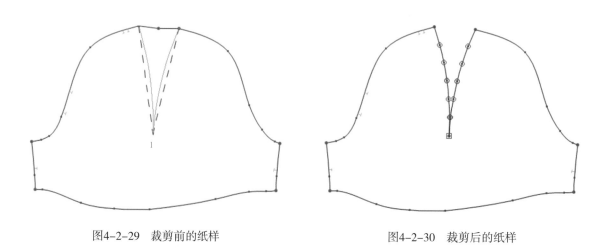

图4-2-29　裁剪前的纸样　　　　　　　　　　　图4-2-30　裁剪后的纸样

操作方法：选取此工具，在死褶的褶尖点"1"处按一下，拖移弧线，再点击一下鼠标左键，死褶已裁剪。

五、【圆形工具】

1. ⊙【圆形】

快捷键为【Ctrl】+【Alt】+【C】，该工具用于建立圆形。此工具只可作为作图参考用，完成绘图后要把该圆形删除，如图 4-2-31 所示。

操作方法：选取此工具，在纸样上将生成圆的位置点击一下鼠标左键，拖移鼠标至圆形大小位置，点击一下，出现"特性"对话框，在半径处输入半径大小。

> 注：在"名称"中输入新的名字，为圆命名。如果圆有一个名字，在放码时，可以直接用其来进行放码（位置的放码）。而不需要选择圆心点。

2. ◎【经由三点成圆形】

该工具是可选择空间上的任意位置 3 个控制点，画出一个圆。

图4-2-31 建立圆形

六、【钮位】

1. ◉【加入钮位】

快捷键为【Ctrl】+【Alt】+【B】，该工具用于在样片上加钮位，在对格、对条、对花唛架时可利用【钮位】功能作为对位的记号，使用复制可以很快地制作钮位而不必一个个地制作。此工具还用于在制作口袋时，做钻孔记号。

操作方法：

（1）选取此工具，设定第一个钮位的位置，在"加入钮位于选取点上"对话框内输入 X、Y 的正确数值。在"钮位"对话框输入钮扣的半径数值和指令，【调教条子】的对条编号，如图 4-2-32 所示。

（2）点击复制→【完成任务】，出现"复制"对话框，输入钮位个数，水平位置和垂直位置指钮位 X、Y 位置，如图 4-2-33 所示。

（3）点击"确定"。

2. ◉【加入个别钮位】

利用此功能设定最前、最后一个钮位的位置及相等距离的钮位。

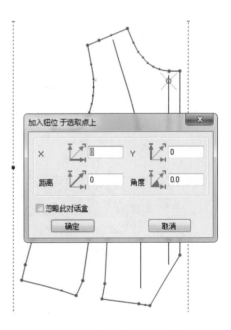

图4-2-32 设置单个钮位位置

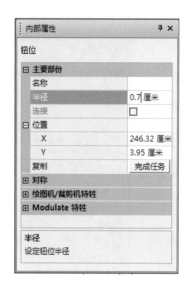

图4-2-33　复制钮位

操作方法：

（1）选取此工具，设定第一个钮的位置，点击点"1"，出现"移动点至有关所选点上"对话框，选【由抓取点】，输入水平、垂直的X、Y正确数值。点击"确定"。

（2）设定最后一个钮位的位置，拖移工作链至最后的一个钮位，在"钮位"对话框里选【由抓取点】，输入水平、垂直的数值。点击"确定"，如图4-2-34所示。

（3）在"设定钮位相等距离"对话框里可设置、选择、添加下列有关信息，如图4-2-35所示。

（4）点击"确定"，相等距离的钮位已设定好，如图4-2-36所示。

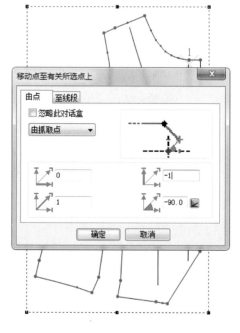

图4-2-34　设置多个钮位

图4-2-35　设置钮扣信息

注： 顺着线：指设定线段内钮位的数量。

距离:指显示已设定线段的长度，不能修改。

线之前：在第一点钮位前的钮位数。

之后线：在最后一点钮位后的钮位数。

设定第一:指是否要设定开始的第一个钮位。

设定最后：指是否要设定最后一个钮位。

半径：钮位的大小。

指令：指使用裁剪机输出时的指令。

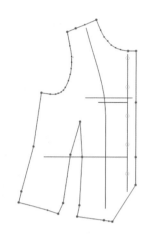

图4-2-36　完成图

3. 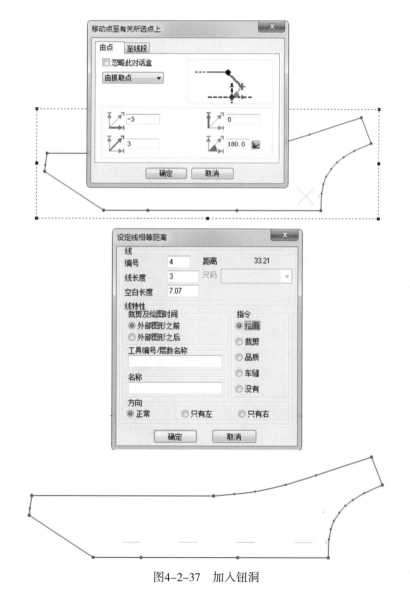 【加入个别线】

作用是加入钮洞或线段，如图 4-2-37 所示。

图4-2-37　加入钮洞

操作方法：

（1）选取此工具，设定个别线段的第一点，按住"→"拖移工作链至个别线段的最后点设定位置。

（2）在"设定线相等距离"对话框中设定数量，线段长度和裁剪机输出时的指令。

数量编号：4，线长度：3；空白长度：7.07；指令中选择"绘画"，意思是：绘制4段长3cm、相距7.07cm的线段。

（3）点击"确定"。

七、【添加文字】

1. ⊤【文字】

图4-2-38　加文字

快捷键为【T】，该工具可以用来加入内部文字。添加纸样的相关信息以辅助切割程序，这些文本信息可以在 PDS 或 Mark 里打印出来。

操作方法：选取此工具，在样片内部输入文字的位置处按一下，在"文字"对话框内输入文字，如图 4-2-38 所示。

注：快捷键必须在英文输入状态下才能使用。纸样的一些基本信息，如名称、款式名称、编码、简述、尺寸和序号等不需要使用文本工具，可直接在"纸样资料"对话框里记录。这些资料由Mark控制，决定是否打印。

2. 更改或删除文本

操作方法：双击文字，出现文字对话框。点击文字右边的 ... ，出现文本对话框，更改或删除文字。或直接选中文字，删除，如图 4-2-39 所示。

注：文字的长度会有一定的限制。字体及长度都由"其余设定"菜单下的"字型"命令决定。

图4-2-39　修改或删除文字

3. 改变文本或注解的位置

操作方法：选择【移动及复制内部】工具，点击到欲改变的文本上，并拖动到新的位置，放下光标进行修改。

4. 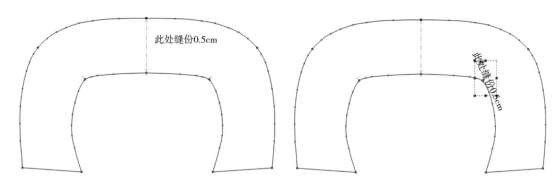文字方向

该功能可以调整文字位置，如图 4-2-40 所示。

此处缝份0.5cm

此处缝份0.5cm

图4-2-40 调整文字位置

操作方法：选取此工具，点击文字需要与其平行的线段或者点上，然后再点击文字，文字已移动到所需的位置。

八、⨋【生褶】

快捷键为【L】，该工具可在样片上建立刀型褶或盒子褶，如图 4-2-41、图 4-2-42 所示。

操作方法：选取此工具，选褶位的第一点，拖移工作链至第二点，重复上述动作。弹出"生褶"对话框，输入褶深度数值，勾选可变量深度和生褶的数量。点击"确定"。

注：变量褶表示在做袖子时，袖山的褶与袖底摆的褶深度不同，袖山的褶比袖底摆的褶要大。如果在纸样无点的位置选褶位，会出现"点特性"对话框。

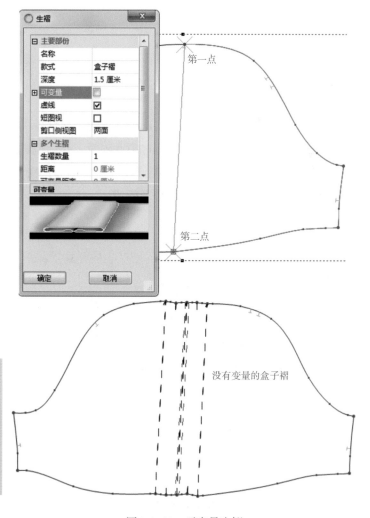

没有变量的盒子褶

图4-2-41 无变量生褶

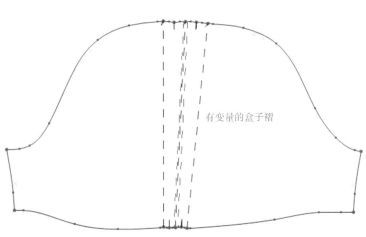

图4-2-42 有变量生褶

在"生褶"对话框中：

盒子褶：此种褶有四个褶，当选中此项时，对话框的下部会显示褶的形状。

刀子褶：此种褶有两个褶，当选中此项时，对话框的下部会显示褶的形状。

可变量生褶："变量褶"用于制作奇数褶。例如，变量褶的顶部的褶是1，底部的褶是5。如果此项不选，褶的上面和下面是平行的。

深度：指褶的尺寸。

注：只有当"可变量"选取后，深度代表的是褶的第一条线的深度，"可变量"表示褶的第二条线的深度。

生褶数量：在框里输入褶的数量。

距离或可变量距离：此两项只有当褶的数量是"2"或更多时，才能被激活。

逆时针方向开放一边：此命令控制开褶的方向。如果选中此项，褶按逆时针方向打开。如果不选此项，开褶方向为顺时针。

九、 【生褶线】

快捷键为【Shift】+【L】，该工具可在样片中加入褶线，如图4-2-43所示。

操作方法：

（1）选取此工具，选取第一点拖移工作链到最后点，按鼠标左键，生成生褶线。

（2）开启：开启或关闭设定的刀子褶或盒子褶。

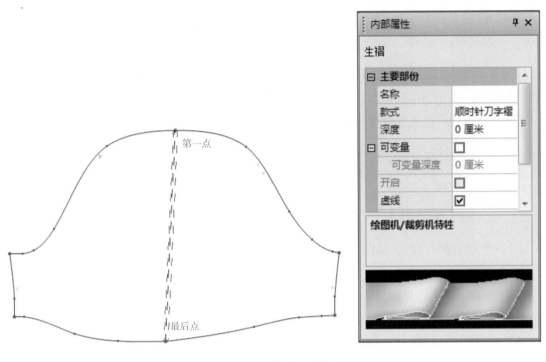

图4-2-43　加入生褶线

注：虚线指显示或隐藏生褶虚线。

十、🔘【弧形】

快捷键为【A】，该工具可建立弧形于样片内，可把样片的线段修改成弧形，取代原线段，如图 4-2-44 所示。

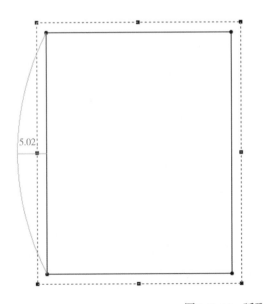

图4-2-44　弧形线段的绘制

操作方法：选取此工具，顺时针选择需要修改的两点，出现"建立弧形"对话框。在对应项添加相关数值，点选指令并"确定"。

> **注：** 点数量沿着弧线：指弧形线段点的数量。
> "半径"指两点之间拖移之圆形半径。
> "距离"指弧线与原直线的变化数值。
> "新弧形"指新建弧形线段，不取代原来的外部轮廓。
> "更改图形"指新建的弧形线段取代原来的外部轮廓。

十一、 ~【波浪形】

用于建立波浪形线段，如图4-2-45所示。

操作方法：选取此工具，在线段的第一点按下，拖移工作链至第二点，拖移波浪形线段至所需位置按一下，出现"建立波浪形"对话框。在对话框内输入有关项后的数值尺寸，点击"确定"。

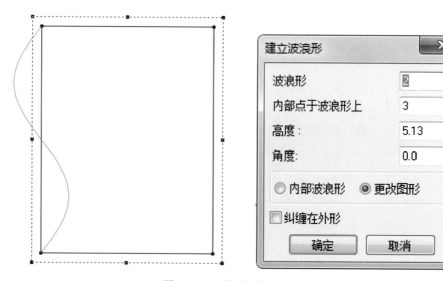

图4-2-45　波浪形线段的绘制

第三节　PDS编辑工具

PDS编辑工具用于重设纸样，如镜像、旋转纸样，也可以使用移动点工具也可以编辑纸样轮廓等，如图4-3-1所示。下面分别介绍其编辑工具的功能和操作方法。

图4-3-1 编辑工具条

一、🗑【删除】

快捷键为【Backspace】，该工具可用于删除样片上的点、牙口、死褶、钮位、内部资料等。

操作方法：

（1）选取此工具，鼠标箭头变成一个末端有黑点的橡皮。

（2）将橡皮工具放在需要删除的点、牙口、死褶等要素上，单击鼠标左键。

（3）弹出对话框询问是否确认删除点（对话框在"其余设定→主要部分→确认及警告→一般"中打开），如图4-3-2、图4-3-3所示。

> **注：** 删除曲线点时一定要注意，因为可能改变曲线的形状。
> 选取"编辑"菜单下的"撤销"命令可以撤销删除点。

图4-3-2 删除对话框　　　　　　图4-3-3 删除对话框弹出设定

二、✒【草图】

快捷键为【D】，该工具可画出样片图形、两点或多点的内部线条和内部图形。

操作方法：

（1）选取此工具，利用箭头在任何位置上按一下鼠标左键，弹出"点位置"对话框后继续画线，弹出"移动点"对话框，输入数值，点击"确定"。画出的线段可以是两点或是多点线段，如图 4-3-4、图 4-3-5 所示。

（2）完成画线按鼠标右键，选择【完成草图】，新的样片会生成到样片排列区内，如画内部图形，图形将被贴在样片上。

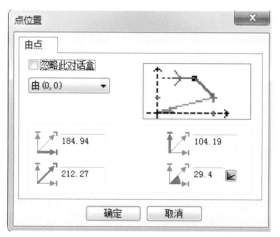

图4-3-4　点位置对话框

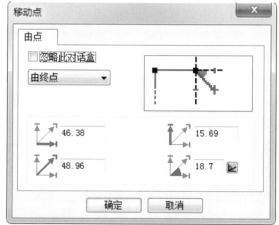

图4-3-5　移动点对话框

> 注：要创建弧形线段时，在单击鼠标左键选择点的同时按下【Shift】键；
> 样板内部画线段后，在调整样板时线段如果要跟着改变，就要建立联动。

建立联动的方法：

方法一：以路径"工具→其余设定→主要部份→草图→加入点于图形上→选择建立"，设定点连接→选择建立，这样画线段时就不会出现"是否连接的"对话框；如果没有选择建立就会出现，如出现就选"是"，此时效果与建立连接是一样的，如图 4-3-6 所示。

方法二：画好线段后，双击点出现"内部属性"对话框，将"连接"打"√"即可，如图 4-3-7 所示。

纸样已经放完码后，再使用草图，结束时会跳出对话框，选择"是"或"否"，完成线段的联动变化如图 4-3-8 所示。

图4-3-6 建立联动方法一 图4-3-7 建立联动方法二

图4-3-8 放码点联动

三、点的移动

1. 【移动点】

快捷键为【M】，该工具可移动单一点，用作修改图形线段。

操作方法：选取此工具，点击需要移动的点，这时，这个点就会吸附在鼠标上，单击鼠标左键，出现"移动点"对话框。

此工具有三种功能。

（1）对当前点移动。对当前轮廓上已产生的点进行移动，可进行数值改变。按移动点工具指向需要移动的点，移往所要的方向，出现"移动点"对话框，可进行数值改变，如图4-3-9所示。

选择性输入  或 的数值，依红色箭头方向移动输入正（＋）数值，相反方向输入负（－）数值。

"由终点"是指由移动点开始计算，在点移动时，表内同步显示移动的数值或直接输入需要移动的数值。

"由（0，0）"是指在表内显示点移动的尺寸是工作区内量度尺的位置。

（2）在两点之间线段上自动捕捉一个点，进行任意移动，没有数值的改变，看造型而定；也可以自动捕捉点为依据进行数值的改变。

（3）按【Shift】键可做弧线。

注：如需要此对话框出现，可按菜单栏→【工具】→【其余设定】→【主要部份】→确认及警告→加入及移动→【开启"移动点"/点特性对话盒】打上勾，激活"移动点"对话框，如图4-3-10所示。

图4-3-9　移动点对话框

图4-3-10　开启"移动点"/点特性对话框方法

2. 【沿着图形移动点】

快捷键为【Shift】+【M】，该工具可移动线上所选的点至线上另一位置，且线段形状不会改变。

图4-3-11 沿着移动对话框

操作方法：选取此工具，指向需要移动的点，点只能在轮廓线上移往所需的方向，出现"沿着图形移动点"对话框。在"距离"后文本框输入数值，然后点击"确定"。

距离：指移动的位置距原来位置的尺寸，顺时针移动显示为正（+）数值，逆时针移动显示负（-）数值。或者看对话框中是正的还是负的，是正的输入正值，是负的输入负值，如图4-3-11所示。

3. 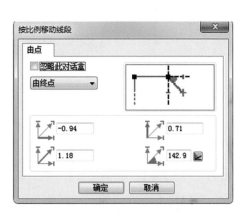 【按比例移动点】

快捷键为【Ctrl】+【M】，该工具可移动不少于2个点的线段，用作按比例修改线段。

操作方法：

（1）如果要按比例移动点1至点4间的线段，选取此工具，按顺时针方向选定点2和点3，当中可包含多个点，出现"按比例移动线段"对话框，选择性输入⤢或⤡的数值，依红色箭头方向移动，输入正（+）数，相反方向输入负（-）数，如图4-3-12所示。

（2）点击"确定"。

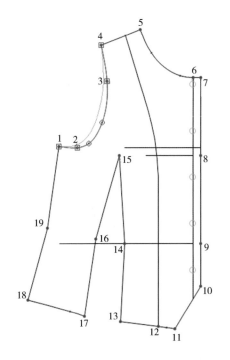

图4-3-12 按比例移动点

注：如不需要此对话框，可"√"选上"忽略此对话盒"。恢复此对话框可按菜单栏→"工具"→"其余设定"→"主要部分"→"确认及警告"→"加入及移动"→在开启【"移动点"/点特性】对话盒后打上勾。

4. 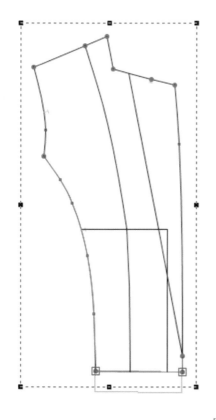【平行移动点】

快捷键为【Ctrl】+【Shift】+【M】，该工具可移动不少于 2 个点的线段，修改线段时保持线段的形状。

操作方法：选取此工具，选择需要移动的第一点，按顺时针方向选定第二点，当中可包含多个点，点击所选线段上任意选中的点，往所要的方向移动被选中的线段，出现"在平行动作移动线段"对话框，选择性输入 或 的数值，依红色箭头方向移动，输入正（+）数，相反方向输入负（-）数，如图 4-3-13 所示。点击"确定"，完成样片修改。

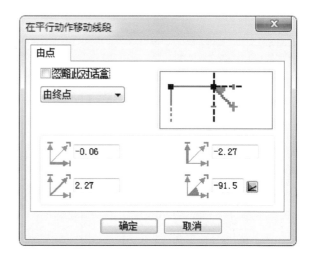

图4-3-13　平行移动点

5. 【移动一连串点】

快捷键为【Ctrl】+【Alt】+【M】，该工具用于一条线段在所选连续放码点内输入不同数值移动样片，可以是不同方向的同时移动。

操作方法：选取此工具，如果要移动点"1"至点"5"的线段，工具要按顺时针方向选定点"2"至点"4"，当中可包含多个点，出现"移动点"对话框，在框内输入每个点移动的数值，如图 4-3-14 所示。点击"确定"，完成样片修改。

6. 【多个移动】

快捷键为【Q】，该工具可以同时移动多个样片和内部不同物件，如钮、死褶、生褶等。

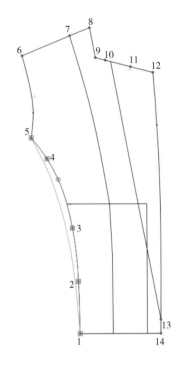

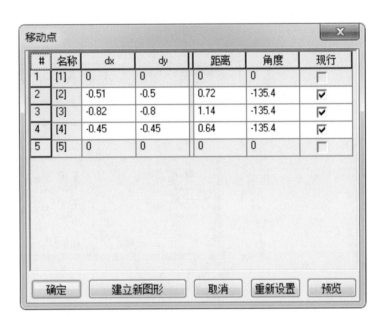

图4-3-14 移动一连串点修改样片

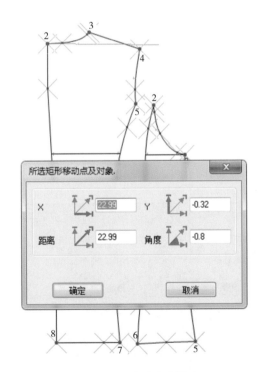

图4-3-15 移动多个样片

操作方法：

（1）在工作区内将需要移动的样片排列在同一方向上。

（2）选取工具，在需要移动的样片上从左至右画框，至框上需要移动的位置。

（3）按任何一点移动，在对话框内输入数值，点击"确定"，如图 4-3-15 所示。

7. 【移动副线段】

操作方法：

（1）选取此工具，顺时针选择需要修改的一条线段，如点"1"和点"5"之间的线段。

（2）然后再选择点 2 和点 4 之间的线段，并移动线段到需要的位置。

（3）在"移动新副线段位置"对话框里进行编辑调整，输入需要修改的数据。

（4）点击"确定"，如图 4-3-16 所示。

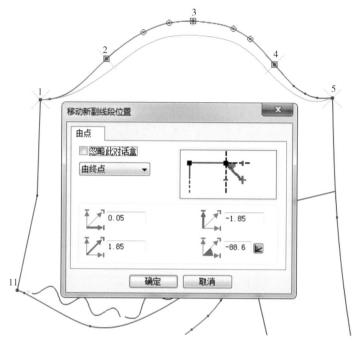

图4-3-16　移动副线段

> **注**：点"2"至点"4"线段平行移动，而点"1"至点"2"、点"4"至点"5"线段是按比例移动的。

8. 【旋转副线段】

操作方法同上。

四、纸样移动及复制

1. 【移动纸样】

快捷键为【Space】空格键，该工具功能是移动工作区内的样片。

操作方法：选取此工具，单击需要移动的样片，拖至所需要的位置，在"移动及拖移所选纸样"对话框内输入相应数值，点击"确定"，如图4-3-17所示。

2. 【移动或复制内部】

快捷键为【I】。该工具可以移动及复制在工作区样片的内部资料，如线条、纽位、圆或文本等，如图4-3-18所示。

此工具有三种使用方式：

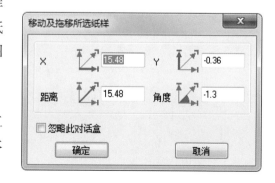

图4-3-17　移动纸样对话框

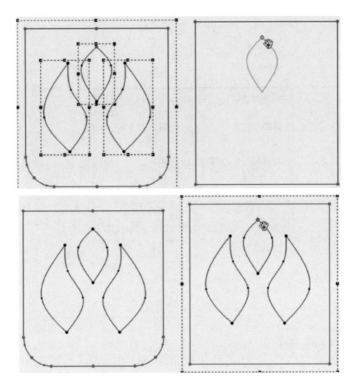

图4-3-18 移动及复制内部

（1）移动内部：选取移动内部物件，在选取的样片按一下再选需要移动的内部资料，如钮位、图形或线段至所需要的位置。

（2）复制内部（在同一样片内复制内部资料，如钮位、图形）：选取移动内部物件，同时按住【Ctrl】键，可以复制内部，否则只能移动。

（3）复制内部（在不同样片内复制内部资料，如钮位、图形）：选取移动内部物件，如需要移动或复制多于一段的内部线段，按【编辑】工具内的【选择内部】工具 ▤，再按【移动内部】工具并在框选的图形上点击一下，然后移至另一样片所需要的位置，可以用此方法移动所选的内部资料复制到另一个样片上。

3. ⟳ 【旋转纸样】

快捷键为【R】，该工具可以使纸样或图形沿一中心点旋转至不同角度，如图 4-3-19 所示。

操作方法：

（1）选取此工具，用箭头光标选取样片上的固定点点"6"，以确立旋转中心点（如不选点会以样片中心旋转）。

（2）移动样片按一下鼠标左键，出现"内部角度旋转"对话框，在"角度"或"距离"对应文本框内输入数值。

（3）点击"确定"。

注：使用此工具样片形状不会改变。

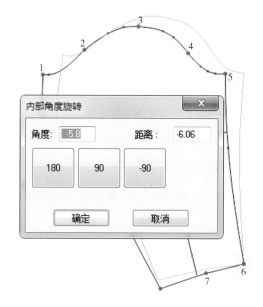

图4-3-19　旋转纸样

4. 【旋转图形或文字】

该工具可选择图形、图形中心或内部文字进行样片的旋转。

操作方法：选取此工具，用箭头光标选取样片上任何一点或样片内部资料（钮位、图形）作固定位，旋转样片或内部资料，在弹出的对话框内输入角度或默认此角度。点击"确定"。

五、【旋转纸样、基线或内部线】

该工具用于旋转样片、丝缕线或内部图形，如图4-3-20所示。

操作方法：

（1）选取将旋转的纸样或内部物件、纸样的基线。

（2）选取此工具，出现"旋转纸样或内部"对话框。

（3）填选对话框内的设定，输入"角度"数值或默认此角度。

（4）完成后点击【关闭】。

图4-3-20　旋转纸样或内部

> **注：** "纸样"指基线和样片按照输入的角度数值进行同步旋转；
> "选择内部"指只旋转基线，方法是先选中纸样中的基线，然后选择此工具，出现对话框后选"选择内部"，其余同上；
> "纸样基线"指基线角度不变，保持其原来的位置，样片按照输入的角度数值进行旋转；最后点击【向左旋转】或【向左旋转】。

六、 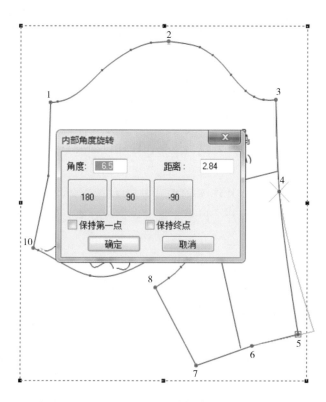【旋转线段】

此工具用于修改某线段长度，但其他位置尺寸和形状仍保持不变，如图4-3-21所示。

操作方法：选取此工具，在需放置中心点的位置点"4"处点击鼠标，出现一个"×"字；拖移工作链到点"5"位置，用箭头按住点"5"移动，出现"内部角度旋转"对话框，在对话框内输入角度或距离数值。点击"确定"。

图4-3-21　旋转线段

七、旋转线段

1. 【旋转所选线水平】

快捷键为【-】，该工具可用于选择线段旋转样片至水平位置，使丝缕线随样片变化。

操作方法：选取工具，选择线段上任意的两点，纸样就会沿选定的线条水平旋转。

2. 【旋转所选线段垂直】

快捷键为【Shift】+【-】。该工具用于选择线段旋转样片至垂直位置，丝缕线随样片变化。

操作方法：选取工具，选择线段上任意的两点，样片会自动旋转至垂直状态。

八、旋转纸样

1. 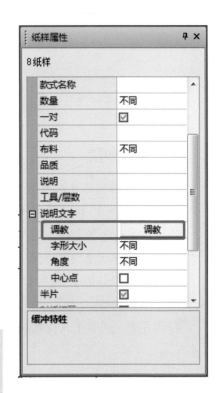【顺时针方向旋转纸样】

快捷键为"【】"。

操作方法：选取需要旋转的样片，点击工具，样片自动沿着顺时针方向旋转90°。

2. 【逆时针方向旋转纸样】

快捷键为"【】"。

操作方法：选取需要旋转的样片，点击工具，样片自动沿着逆时针方向旋转90°。

九、样片的水平、垂直和沿线反转

1. 【水平反转】

快捷键为【Shift】+【=】，此工具可使样片作 X 轴水平方向反转。

操作方法：选取需要旋转的样片，点击工具，样片自动沿着 X 轴方向水平反转。

2. 【垂直反转】

快捷键为【=】，该工具用于样片作 Y 轴垂直方向反转。

操作方法：选取需要旋转的样片，点击工具，样片自动沿着 Y 轴方向垂直反转。

3. 【沿线反转】

快捷键为【Ctrl】+【=】，该工具可使纸样沿着选定的内部线反转。

操作方法：选择此工具，用箭头点击要反转的线路，再指向要反转的内部资料，按鼠标的左键。如按左键同时按下【Ctrl】，可复制反转的内部资料。

十、调整基线

1. 新基线

快捷键为【Ctrl】+【/】，有时，在使用切割工具、旋转基线（丝缕线）命令后，基线会落在纸样外，此工具用于编辑基线，使丝缕线放于样片中心。

如果基线不是描板描入的，或者两个纸样奇怪地黏合在一起，此命令就非常有用。

操作方法：选择纸样，然后选取此工具，偏离样片的基线重置于纸样的中心位置，且基线长度自动调整到适合纸样的大小。

注：如果使用此工具后，基线还是不动，则点击菜单→"纸样"→"总体纸样资料"，出现对话框后选"调教"，如图4-3-22所示。

图4-3-22 基线调整

2. 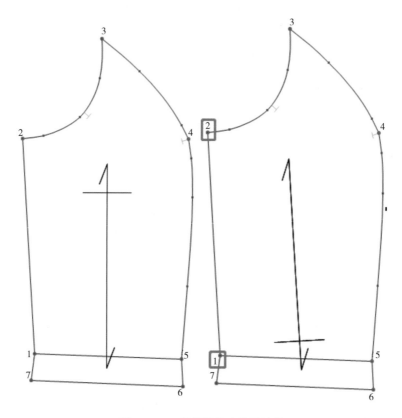 【旋转至基线】

快捷键为【Shift】+【/】，此工具用于旋转布纹线至纸样中心的位置。旋转丝缕线水平，纸样同时旋转，且与丝缕线角度方向不变。

操作方法：确保所有的物件都不是一组，选取此工具，丝缕线自动调整到水平摆放，纸样同时旋转，且与丝缕线角度方向不变。

注：纸样回到其原来的位置，所有内部物件沿纸样旋转。此命令也可设置当前的基线为水平方向。基线与外部轮廓的比例保持一定。

3. 【设定基线方向】

快捷键为【/】。该工具可根据所选线段改变丝缕线，如图4-3-23所示。

图4-3-23　丝缕线修改前后比较

操作方法：

（1）方法一：在样片内选取任意两个点，基线就会与选定的两点间的线条平行。

（2）方法二：当选取纸样轮廓线条时，选择的顺序会影响基线的方向。选取平行新丝缕线的点"1"，顺时针方向选点"2"，丝缕线会调至与所选的线段平行。

4.┴【设定基线垂直】

丝缕线方向与当前所选线段方向垂直。

操作方法：选取工具，选取平行新丝缕线的第1点，顺时针方向第2点，丝缕线与所选的线段垂直。

十一、对称半片

1.👄【设定半片】

快捷键为【H】，该工具可用于制作两边对称样片。在绘制纸样时如果是对称样片，通常会只作一半。利用此工具可以将样片打开成为对称样片，如果样片需要做三维虚拟试衣，一定要用【设定半片】工具，不能用【设定对称线】工具。

操作方法：选取工具，在需要打开的线段上按点"5"，顺时针至点"1"，线段必须为直线，样片自动打开，此时修改样片，对接的一半会同步被修改，如图4-3-24所示。

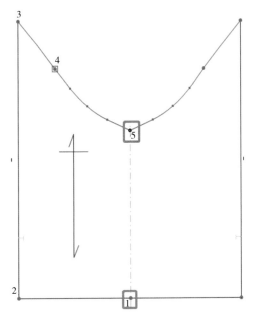

图4-3-24　对称样片开启

注： 只有对称前的样片的实线部分可以做修改，例如，点"4"处的线段变化，如图4-3-25所示。

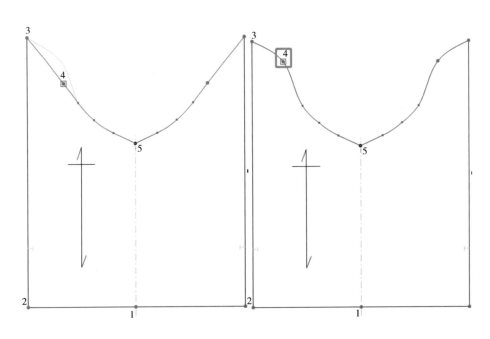

图4-3-25　对称样片的同步修改

2. 🔖【设定对称线】

快捷键为【Ctrl】+【Alt】+【H】，其功能同"设定半片"工具，区别在于只能用于二维样板制作。

3. 🔖【开启半片】

快捷键为【Shift】+【H】，是【设定半片】工具的延续，选取设定对接的样片，点击【开启半片】工具，样片会自动打开及受到保护，此时样片不可以再修改。如需要修改，有两种取消方法：

方法一：点击🔖【关闭半片】，快捷键为【Ctrl】+【H】，可对样片进行同步对称修改。

方法二：双击要修改的对接样片，出现"纸样"属性对话框，将保护后的勾取消即可，但此时两个对称样片是作不对称修改，即修改一边时另一边对称样片不作同步修改，例如：点 7 处有变化，点 3 处没有同步变化，如图 4-3-26 所示。

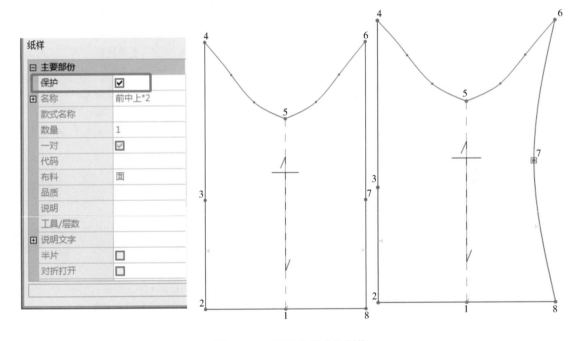

图4-3-26　不对称样片的制作

十二、🔖【交换线段】

可用于进行内部线段与外部轮廓线段的转换。

操作方法：

（1）在样片上画出需要修改的线段，如图 4-3-27 所示。

（2）选取此工具，用箭头在外部轮廓线点"2"处按一下，顺时针方向按点"3"。

（3）在交替线段点"2"处按一下，顺时针方向按点"4"，所选的替代图形会变颜色。出现"交换线段图形"对话框，点击【替代】再点击"确定"，如图 4-3-28 所示。

（4）删除已变成线段的外部轮廓线，如图 4-3-29 所示。

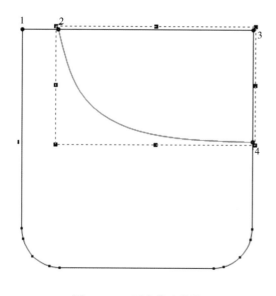

图4-3-27　画出修改线段

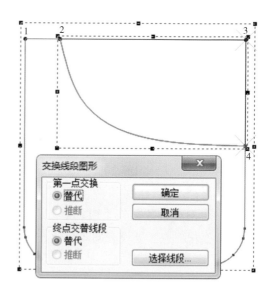

图4-3-28　交替线段

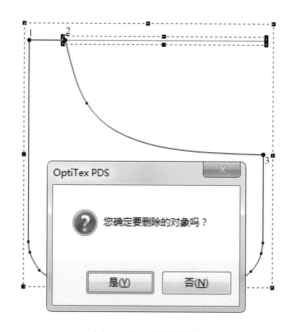

图4-3-29　删除线段

十三、 【建立平行】

快捷键为【P】，用该工具可在所选的线段上建立平行内部图形。

操作方法：

（1）选取此工具，顺时针方向选取要建立平行内部的轮廓线段，如图 4-3-30 所示。

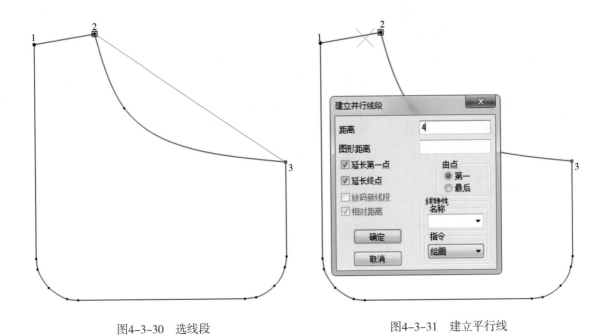

图4-3-30　选线段　　　　　　　　　　　　图4-3-31　建立平行线

（2）出现"建立平行线段"对话框。距离：输入需要建立的平行线段距离的数值。延长第一点及延长最后点：指平行线是否需要将第一点和最后点延长到样片轮廓线，如图 4-3-31 所示。

（3）点击"确定"，完成平行线段的建立，如图 4-3-32 所示。

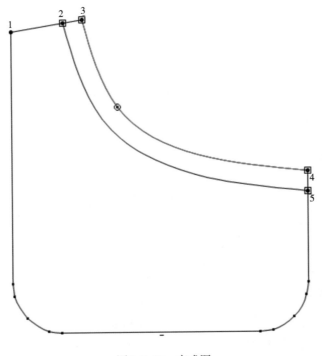

图4-3-32　完成图

十四、【平行延长】

快捷键为【Shift】+【P】，该工具可平行延长或缩短所选的线段。

操作方法：

（1）选取此工具，顺时针方向选取需要延长或缩短的线段，如图4-3-33所示。

（2）出现"平行延长"对话框，输入需要延长的数值，正（+）数表示加长样片，负（-）数表示缩短样片，如图4-3-34所示。

（3）点击"确定"。

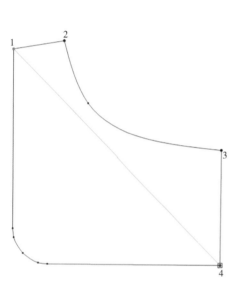

图4-3-33　选线

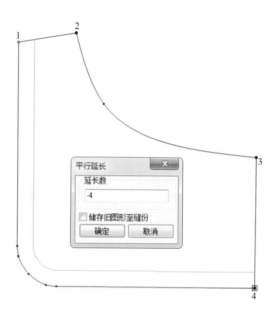

图4-3-34　平行缩短线段

第四节　PDS纸样工具

纸样工具栏，如图4-4-1所示。

图4-4-1　纸样工具栏

一、【行走】

快捷键为【W】。行走工具用于两个纸样之间模拟缝合，如把两块样片并在一起看长度是否吻合，利用此功能可以在两块样片上相对的位置同时加上剪口。

操作方法：

（1）在制板区内取出须要度量的样片。

（2）按一下【行走】功能，出现行走箭头，先决定两块样片的相对点，把箭头最前端的点指向第一块样片的相对点按一下左键，拖动工作链至第二块样片的相对点按一下左键，两块样片连接起来，沿两行线段行走至末端。如在开始时行走的方向错误，可按键盘上的【F11】改变方向。

（3）行走时可以在两块样片的相对位置上按键盘上的【F12】加剪口；在不动的样片上加剪口可按【Ctrl】+【F12】；在走动的样片上加剪口可按【Shift】+【F12】，如图4-4-2所示。

（4）行走完成后点击鼠标右键出现下拉菜单，点击【选取】工具出现【完成行走选项】对话框，点击【是】，如图4-4-3所示。

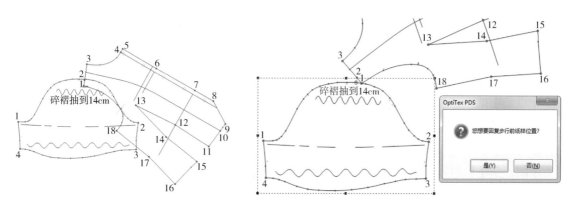

图4-4-2　行走加剪口　　　　　图4-4-3　完成行走

二、　【长度】

快捷键为【Ctrl】+【D】，该工具功能为量取两点之间线段的距离。

操作步骤：选取此工具，特殊箭头出现，用箭头最前端指向需要测量的开始点，顺时针拖移工作链至最后点，按一下左键，出现"测量"对话框。点击此对话框中的【编辑线段长度】，出现"线段长度"对话框，来编辑轮廓线的尺寸，如图4-4-4所示。

其中：

【长度】指弧线长度。

【X距离】指测量两点之间线段的水平距离。

【Y距离】指测量两点之间线段的垂直距离。

【角度】指两点的角度。

【距离】指两点的直线长度。

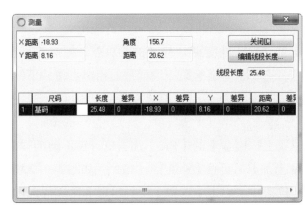

图4-4-4　编辑线段长度

> 注：测量工具有2个。一个是长度，另一个是从"视图"→"比较线段长度"→"比较长度"（是多段线段的累加或减，得到总和，临时形成公式化），但要修改线段长度还是要用下面的测量工具，修改后点【确定】。

【更新】指将修改后的尺寸返回到原来没修改前的尺寸。

【复制及黏贴】指将选定的线段长度复制到另一块样板的线段上，例如前袖窿和后袖窿。

【第一水平】顺时针点的第一点，尺寸是横向的左右移动。

【后水平】顺时针点的第二点，尺寸是横向的左右移动。注意的是弧线形状不动，往一个端点移动。

【第一垂直】和【后垂直】同上。

【第一对角线】和【后对角线】，两点连成的线上进行移动，用于肩斜。

三、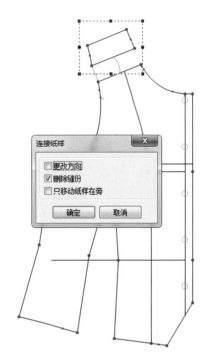 【合并纸样】

快捷键为【J】，该工具可使两个不同的纸样沿一条线段合并在一起。如果两个纸样的长度和角度相同，可以合并得很完美；如果线段不平行，也可以合并，但是连接处不是很圆滑，可以对新纸样上的连接点进行编辑，多次剪切、合并纸样，如图4-4-5所示。

操作步骤：

（1）把两块需要连接的样片面对面摆放，选择此工具。

（2）在靠近连线处点击纸样内部，拖动光标至另一纸样（跨过连线）。

（3）弹出"连接纸样"对话框，点击"确定"，进行合并。

图4-4-5　合并纸样

其中，"更改方向"：指对样片操作是否需要更改方向，有需要可框内点击"√"选。

"删除缝份"：如样片有缝份则点击框内"√"选会先减去缝份的尺寸再合并样片，使成为一个完整的纸样。

"只移动纸样连接"：两块样片只是贴近，不是连成一块。要使纸样合并为一个纸样，不选择"只移动纸样在旁"选项。

四、【裁剪】

1. 【裁剪】

快捷键为【C】，该工具可剪裁开纸样，如在纸样上画一条线，点击该工具可沿其分开纸样。此线段可能是两点间的一条简单的线段，也可能是有多个点的曲线线段。PDS 可以沿此线段自动放码，这样就不必计算放码规则。

操作步骤：

（1）选取此工具。在纸样轮廓线需剪切纸样处点击鼠标。

（2）在弹出的"点特性"对话框内，输入第一点的位置的值，或点击"确定"。在需剪切的另一点处点击鼠标，出现"缝份特性"对话框，输入缝份尺寸，样片便会分开成为两片样片，如图 4-4-6、图 4-4-7 所示。

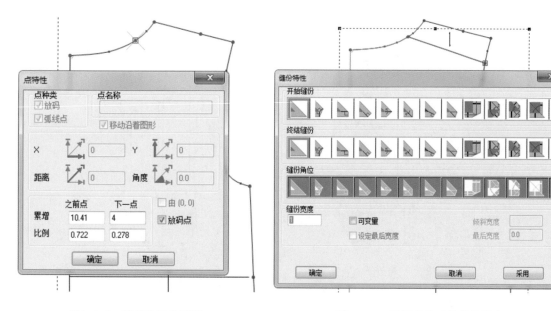

图4-4-6　裁剪位置的确定　　　　　　　图4-4-7　样板裁剪后缝份的设定

（3）如果样板已放码，则会弹出对话框询问："是否对齐基码裁剪？"选择"否"，沿剪切线自动放码；选择"是"，则不放码，如图 4-4-8 所示。

注：创建曲线，按住【Shift】键然后点击鼠标选点。
如果要沿一个角剪切纸样，则点击第一个点后再使用【F2】键。

图4-4-8　放码样板裁剪后的放码值设定

2.🖳【沿内部裁剪】

快捷键为【Ctrl】+【Shift】+【C】，该工具可沿在样片上的内部线段裁剪成为两块样片。在裁剪前，需要用♦ 草图(D)【草图】工具画出内部线段。其他操作方法同裁剪工具。

五、建立纸样

1.🔼【新建纸样】

快捷键为【B】。功能为从现有纸样中创建新的纸样，如图 4-4-9 所示。

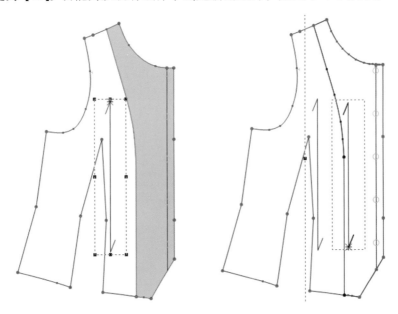

图4-4-9　新建纸样

操作步骤：

（1）选取此工具，点击需要新建的纸样区域，封闭轮廓内会变成绿色，再用鼠标左键点击一下绿色区域，新纸样就创建好了。

（2）新的纸样在原纸样的上面，使用🡒 移动纸样【移动纸样】工具将纸样从原来的纸样上移开。

2.🖳【描绘线段】

快捷键为【Ctrl】+【B】，该工具用于从现有纸样描出线段，创建新的纸样。例如，做过面和衬里，如图 4-4-10 所示。

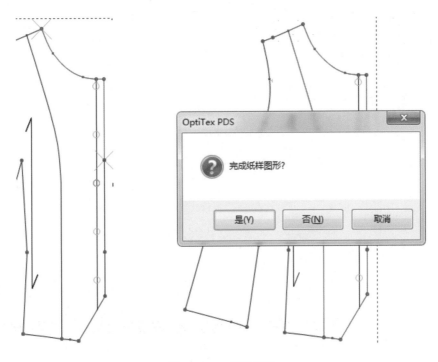

图4-4-10　新建纸样

操作方法：

（1）选取此工具，以顺时针方向选取线段，被选取得线段突出为红色，放码点出现"×"字交叉图标。

（2）当所有的线段选取后（封闭的内部轮廓确定），弹出对话框询问【完成纸样图形】，点击【是】，则完成描线，单击【否】，则继续描线。

（3）新的纸样在原纸样的上面，使用 🔲 移动纸样 【移动纸样】工具将纸样从原来的纸样上移开。

3. 🔲【描绘纸样】

快捷键为【Ctrl】+【Shift】+【B】，该工具用于描绘封闭纸样或重叠纸样部分，创建新的纸样。

操作方法：选取需要创建纸样的两条线段，然后在创建纸样的中心处点击一下鼠标，完成建立新纸样。

4. 🔲【建立分区】

快捷键为【Ctrl】+【Shift】+【Z】，该工具用于在纸样中创建新的纸样，并建立纸样分区。

操作方法：选取此工具，点击需要新建的纸样区域，则封闭轮廓出现绿色。再用鼠标左键点击一下绿色区域，并点击【创建纸样】，纸样分区就创建好了，如图 4-4-11 所示。

注：建立【纸样分区】与【建立分区】工具的区别在于【纸样分区】工具只是建立新的纸样，而【建立分区】工具除了建立新纸样外，新建纸样可以随着原样板的变化同步变化，如图4-4-12所示。

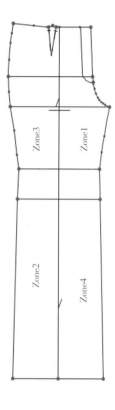

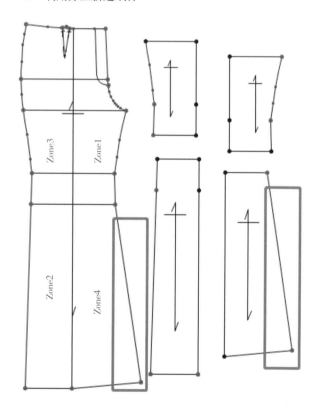

图4-4-11 利用分区新建纸样

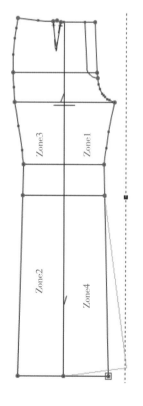

图4-4-12 分区纸样的同步修改

5. 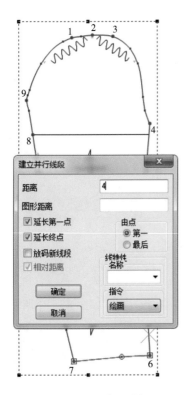【描绘纸样分区】

快捷键为【Shift】+【Z】，该工具有描绘线段的功能，以建立纸样分区。描绘纸样方法同【描绘线段】工具，创建分区同【建立分区】工具。

6. 【对折打开】

快捷键为【Ctrl】+【Shift】+【F】，折叠纸样的一部分，通常用于有过面的款式。

操作步骤：

（1）使用"设计"菜单下的"建立平行"命令，制作内部线条，如图4-4-13所示。

（2）选取【对折打开】工具，点击纸样上的镜像线段，点击新建的内部折叠线条，如图4-4-14所示。

图4-4-13　建立平行

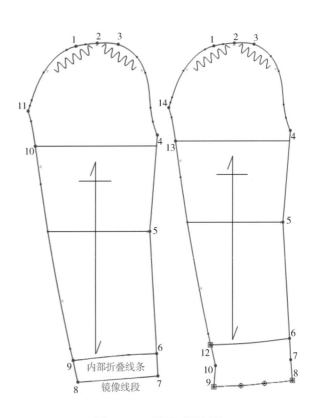

图4-4-14　镜像对折打开

7. 【向内对折】

快捷键为【Shift】+【F】，用于沿选定的线段折叠纸样。

操作方法：选取此工具，点击并顺时针拖动光标选择点"5"至点"8"的线段。驳头向内翻折，可以进行驳头的修改，修改好后，用 将驳头再打开，如图4-4-15所示。

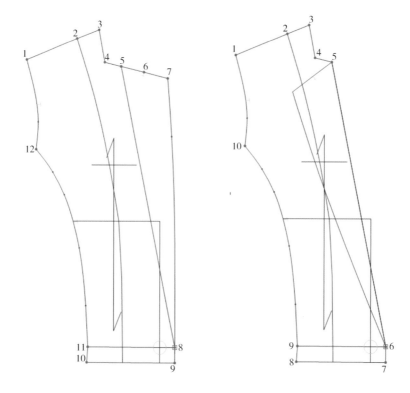

图4-4-15　驳头对折修改

第五节　PDS死褶工具

死褶工具条，主要功能是创建、拷贝、粘贴和固定省道。工具条、图标如图4-5-1所示。

图4-5-1　死褶工具条

一、死褶

1. 【死褶】

快捷键为【Ctrl】+【Alt】+【D】，该工具有三个功能，建立省道、移动省尖和省道转移。

第一个功能是加入或旋转死褶，快捷键为【Ctrl】+【Alt】+【D】，用于加口袋、裤膝盖、袖肘部位的展开量。

操作方法：

（1）在要建立褶的线段上设定点"2"至点"3"距离，确定省道的大小尺寸。

（2）选取死褶工具。在点"2"按下，拖移工作链至点3按下，再拖移工作链至样片内部的省长位置处按下，出现死褶"内部属特性"对话框。输入深度、宽度数值，重迭方向、钻孔大小和位置等相关资料，如图4-5-2、图4-5-3所示。

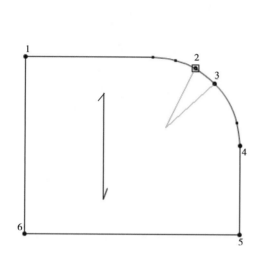

图4-5-2　省道位置

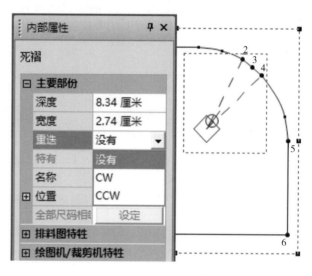

图4-5-3　省道属性调整

第二个功能是移动省尖，建立死褶时省尖是依据纸样上两个点的连线的平行方向生成的，可能不是设计者需要的位置，可对省尖位置进行修改。

操作方法：选取死褶工具，在省尖位置按一下鼠标左键，移动工作链至所需要的省尖位置（红框处），再按一下鼠标左键，出现"移动死褶"对话框，在对话框内输入数值，点击"确定"，如图4-5-4所示。

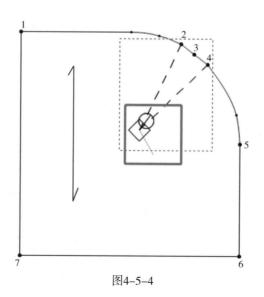

图4-5-4

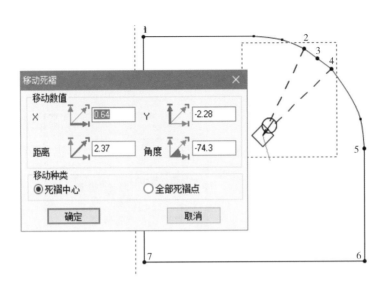

图4-5-4 省尖移动位置

第三个功能是省道转移，将纸样上的省道转移到所需要的位置。

操作方法：选取【死褶】工具，在省尖位置按一下鼠标左键，移动工作链至点"7"（确定省道转移的位置），如图4-5-5所示，再按一下鼠标左键，出现"死褶中心点"对话框，在"百分比"处输入省道转移的比例，点击"确定"，如图4-5-6、图4-5-7所示。

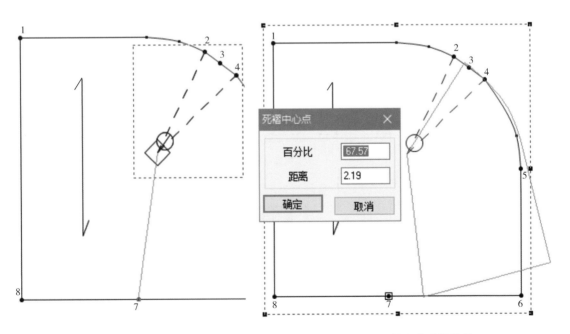

图4-5-5 确定省道转移位置　　　　　　　图4-5-6 输入省道转移量

2. 🖈【加入容位】

用于展开样片加容位。

操作方法：选取工具，在需要展开的位置、鼠标左键在点"5"按下，拖移工作链至点"8"或轮廓线上需要的位置，出现"点特性"对话框，点击"确定"，如图4-5-8所示，出现"开启容位选项"对话框，第一点数量输入容位大小的尺寸。第二点数量为容位底大小的尺寸，"角度"会自动作调整。点击"确定"，如图4-5-9所示。

3. 🖈【按中心点建立死褶】

该工具可直接在纸样中展开建立死褶。

操作方法：

（1）选取此工具，鼠标左键在点"1"处按一下，在设定褶尖的位置点"2"处按一下，在对角线上点"3"处按一下，最后在点"1"按下往逆时针方向拖移样片。出现"按中心点

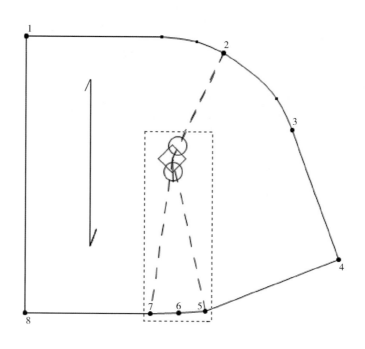

图4-5-7 省道转移完成图

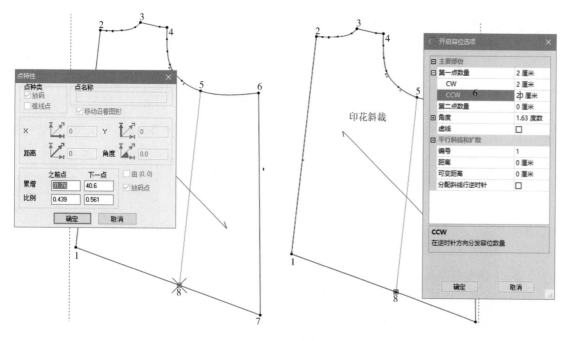

图4-5-8 确定容位打开处   图4-5-9 容位打开量的设定

建立死褶"对话框，输入宽度和深度，点击"确定"，如图4-5-10所示。

（2）在"固定死褶"对话框内选取固定方法，点击"确定"，如图4-5-11所示。

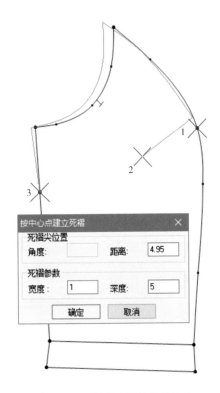

图4-5-10　顺序选择及数值输入

图4-5-11　选择省道修正方法

注： 此工具还可以用于制作泡泡袖。

操作方法：选取此工具，依次点击点"1"、点"2"，顺时针点击点"3"和点"4"，向上拖动轮廓线，拉出加入量，单击鼠标左键，弹出"按中心点建立死褶"对话框。角度指选择的前两个点之间形成的角度，即点"1"、点"2"，不用修改；距离指样板没有变化前的袖山高；宽度指打开的量，可以根据款式要求设定；深度指变化后的袖山高，可以根据款式要求设定，如图4-5-12、图4-5-13所示。

4. 🦋【按中心点关闭死褶】

使用此功能可以关闭死褶，其他位置不动。

操作方法：选择此工具，点击省尖位置点"2"，以顺时针方式沿轮廓线选择点"3"、点"4"，即可关闭死褶，如图4-5-14、图4-5-15所示。

5. 🦋【按弧裁剪死褶】

功能和操作方法与【拱起及裁剪死褶】相同。

6. 🦋【扇形褶】

此工具在选定的线段上可连续打开多个褶，形成扇形效果。

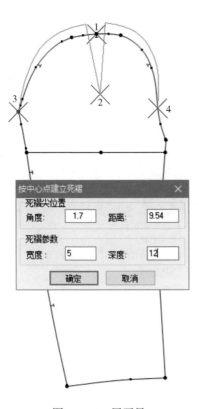

图4-5-12　展开量

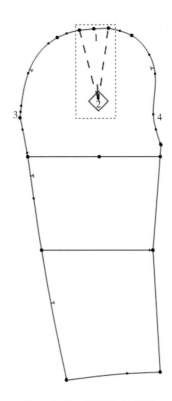

图4-5-13　泡泡袖完成图

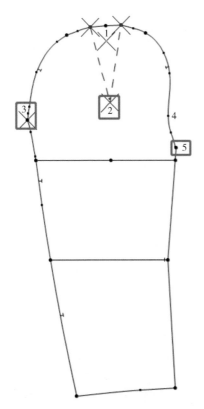

图4-5-14　选择方法与顺序

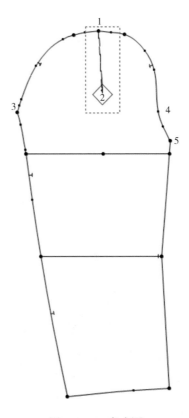

图4-5-15　完成图

操作方法：选择此工具。顺时针自上而下选择第一个样片点"4"至点"1"间的线段。顺时针选择第二个样片点"2"、点"3"间线段旋转对应线于点"4"、点"1"开扇形褶的对应线段。出现"修改纸样为扇形图"对话框，输入数值。点击"确定"，如图4-5-16、图4-5-17所示。

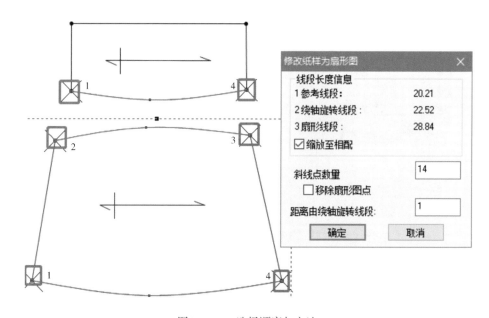

图4-5-16　选择顺序与方法

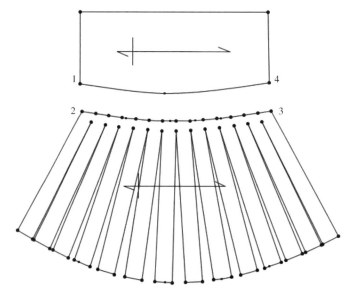

图4-5-17　完成图

二、 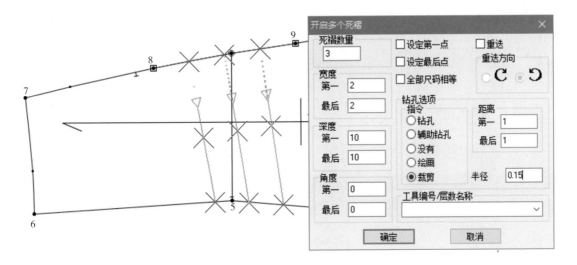【多个死褶】

用于在轮廓线段上一次同时创建多个省道，所加的省道会自动把量撑出来。

操作方法：用软件默认工具点击欲添加省道的线段的第一点（点"8"），并拖动到第二点（点"9"），线段被选中。选择【多个死褶】工具弹出"开启多个死褶"对话框，输入相应的参数并点击"确定"生成省道；如果是两个以上的省道，并且省量的宽度相同，则它们可以平均地分配在这两点间，如图4-5-18、图4-5-19所示。

图4-5-18 同时开启多个省道

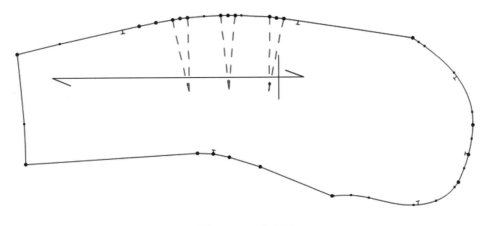

图4-5-19 完成图

三、 【复制死褶】/【贴入褶】

用于将省道复制到剪贴板，然后用粘贴工具粘贴到同样的 DSN 文件或不同的 DSN 文件。复制好的省道可继续使用直到被另外的文件复制。

操作方法：

（1）用软件默认工具选择欲复制省道的省尖，省道被选中。

（2）选择【复制死褶】工具。点击欲贴入得省道位置点"4"处，选择【黏贴死褶】工具，则省道被粘贴到纸样上（所贴入的省会自动撑开省量），如图4-5-20所示。

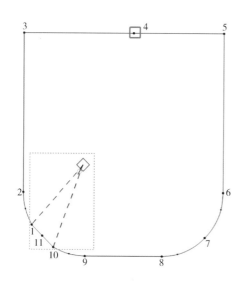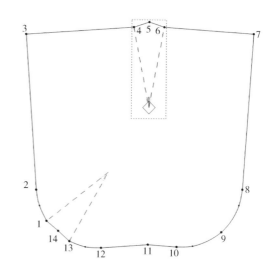

图4-5-20　复制省道

四、【关闭死褶】

用于关闭选定的省道。

操作方法：

（1）用软件默认工具选取省道的省尖。

（2）选取此工具，纸样结构因此发生改变。

（3）想重新打开省道，选择【撤销】工具（或在死褶"内部属性"中把宽度"0"改为省道关闭之前的宽度），如图4-5-21所示。

五、【修正死褶】

本功能和操作方法与【固定死褶】相同。

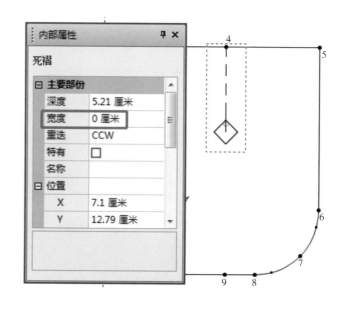

图4-5-21　省道关闭和重新打开的方法

第六节　PDS图形工具

PDS 图形工具多用于修改轮廓线和样板工具图标，如图 4-6-1 所示。

图4-6-1　图形工具条

一、 【圆角】

快捷键为【Ctrl】+【R】。用该工具在输入数值以改变角点为圆角。

操作方法：选择此工具。用鼠标左键由点"4"选至点"1"（鼠标左键不要松开），出现"圆角"对话框，输入圆角的半径，如圆角半径大于所选点的前一点或下一点的长，可以将"固定自我相关"前的【√】不要勾上，如图 4-6-2 所示。

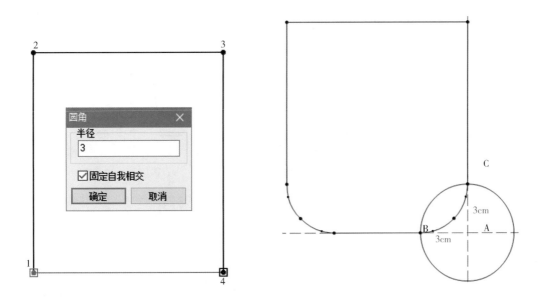

图4-6-2　圆角的制作

> **注**：选样板中的一个点，可以一个一个做圆角。顺时针选中两个点，可以两个点同时做；逆时针选中两个点，可以所有角同时做圆角。圆角数值指圆的半径。

二、 【对齐点】

快捷键为【G】。可选择连串点或指定点成水平、垂直或特别角度对齐。当选取对齐点功能时，一定要选取两个点以上。

操作方法：选择此工具，顺时针方向选择点"2"拖移至最后点"3"，在"对齐点"对话框内先选取由【第一】或【最后】点，后点击【水平】或【垂直】，点会按所选择的方式对齐，如图 4-6-3 所示。

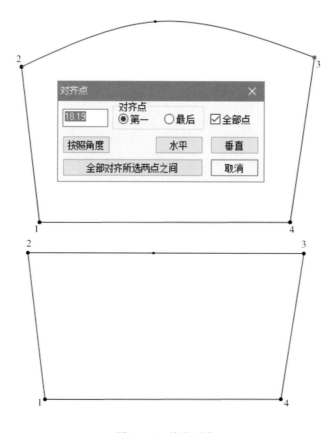

图4-6-3　线段对齐

注：　"第一"指顺时针选择的第一点，【最后】指顺时针选择的最后一点。

三、【顺滑】

利用这个工具使线段变得顺滑，但有可能改变线段的角度。

操作方法：

（1）选择此工具，鼠标左键顺时针选择需要修改线段的点"5"至点"1"按下，如图 4-6-4 所示。

（2）按【Shift】键和鼠标左键，或按右键选【设定顺滑】，确认改变，如图 4-6-5 所示。

四、【合并图形】

快捷键为【Shift】+【J】。合并两个非关闭内部图形，连接已开启的内部线段。

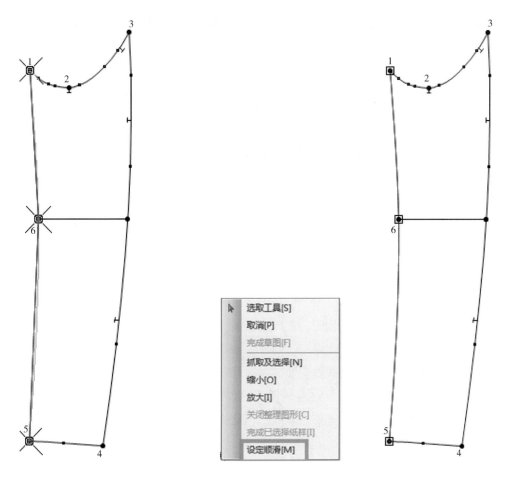

图4-6-4 顺滑点的选择

图4-6-5 确定改变的方法

操作方法：选取工具，利用特殊箭头指向需要连接的点"2"，拖移工作链至点按下，如图 4-6-6 所示。

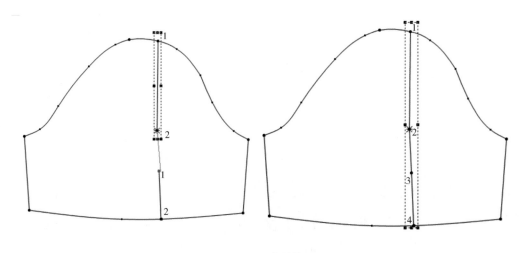

图4-6-6 合并线段

注：按【Ctrl】后连同线段移动及合并，如图4-6-7所示。

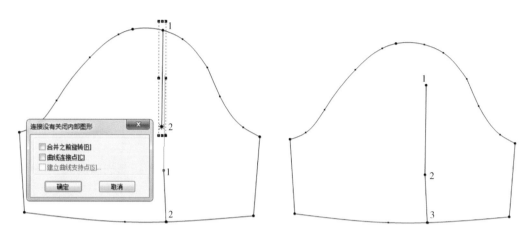

图4-6-7　移动及合并线段

五、【分离内部图形】

可用于裁剪内部图形，分离线段。

操作方法：如图 4-6-8 所示，红色线段外的虚线框是一个完整的框，说明它是一条完整的线段。点击本工具，用鼠标左键点击点"2"，则线段外分为两个单独的虚线框，如图 4-6-9 所示。

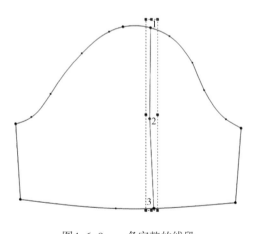

图4-6-8　一条完整的线段

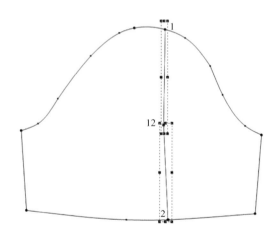

图4-6-9　分离的两条线段

六、【延伸图形】

该功能可延伸内部线段或图形，先选线段功能才可使用。

操作方法：

（1）选取需要延伸的内部线段或图形。

（2）选择此工具，出现"延长图形曲线"对话框，输入延长数值，选取延长方向，左箭头指往图形上方延长，右箭头指往图形下方延长。点击"确定"，如图 4-6-10、图 4-6-11 所示。

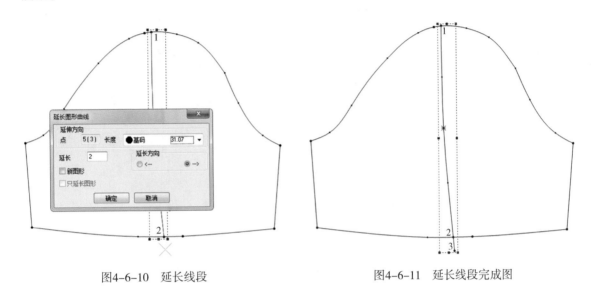

图4-6-10　延长线段　　　　　　　　图4-6-11　延长线段完成图

七、【圆形至图形】

该工具可转换所选圆形或钮位至圆形。

操作方法：

（1）选取需要转换的圆形。

（2）选取本工具，在"圆形于图中"对话框内输入点的数量，点击"确定"。圆的轮廓线上出现 5 个点，可以对图形进行编辑修改，如图 4-6-12 所示。

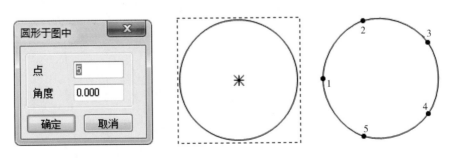

图4-6-12　修改图形轮廓线

八、【延长内部】

快捷键为【R】，该工具可将所选内部线段延长到外部轮廓线或缝线，可按指定数值延长，操作方法同【图形→伸延内部】工具。

九、 ✂ 【整理】

快捷键为【Shift】+【T】，该工具用于整理长出图形外内部线段至样板轮廓线。

操作方法：选取此工具，鼠标左键在点"3"处点击一下，长出轮廓线的线段就被剪掉了，如图 4-6-13 所示。

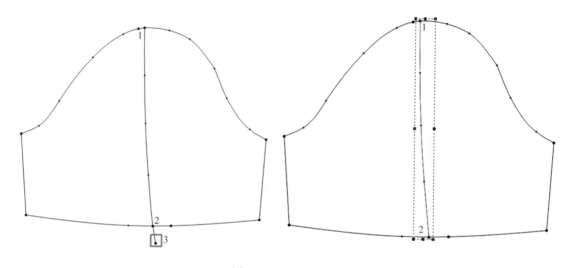

图4-6-13 整理线段

十、 ▦ 【描绘及整理】

快捷键为【Shift】+【Ctrl】+【T】，该工具用于描绘及整理内部线段至其他线段。

操作方法：选取本工具，先选中一条线段，再点击红框处的点"2"即可，如图 4-6-14 所示。

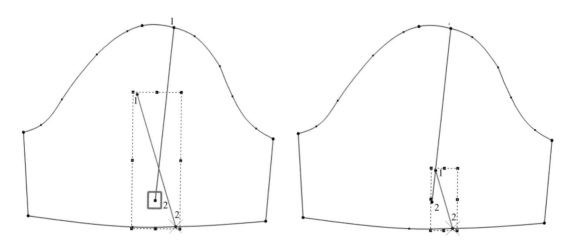

图4-6-14 描绘及整理的方法

十一、【线于线段之间】

用于在纸样内加相等的线段，操作方法同【图形→线与线段之间】工具。

十二、◎【过度裁剪孔洞】

当使用该工具操作时，内部的轮廓成为一个非封闭的图形。

操作方法：选取本工具，在封闭的内部轮廓线上单击即可。

第七节　PDS放码工具

一、放码工具条一（图4-7-1）

图4-7-1　放码工具条

1. ◙ / ◙【向之前点】/【向下一点】

可从当前点顺时针选择下一点 / 或从当前点逆时针选择下一点。

2. ◙ / ◙【复制放码】/【粘贴放码】

快捷键为【Shift】+【C】/【Shift】+【V】，该工具可将一个放码点 DX 和 DY 数值复制，粘贴到另一个放码点 DX 和 DY 数值，或者复制一个放码点数值可以粘贴几个数值相同的放码点。

操作方法：

（1）选取要复制的放码点点"3"，再点复制功能◙，如图 4-7-2 所示。

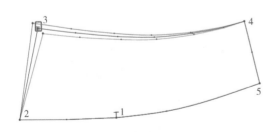

图4-7-2　复制放码值

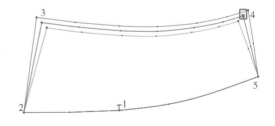

图4-7-3　粘贴放码值

（2）选取要粘贴的放码点点"4"，再点粘贴功能◙，如图 4-7-3 所示。

3. ◙【粘贴相关】

使用"粘贴相关放码值"工具可自动地将选定的放码值的上、下、左、右的放码值粘贴到对应的点上，放码数值会自动调整正负值。另一种激活"粘贴相关放码值"的方法是点击放码工具栏上的图标，当激活时，"粘贴相关放码值"正负图标下凹，呈选取状态。

4. 🗔🗔【粘贴 X 放码值】/【粘贴 Y 放码值】

快捷键为【Shift】+【X】/【Shift】+【Y】，该工具只将复制到剪贴板上的 DX/DY 放码值粘贴到选定点。此工具要在"复制放码"命令后使用。

5. 🗔【贴上周围】

快捷键为【D】，在复制黏贴放码时，数值按照对角线平均值进行粘贴，如图4-7-4所示。

6. 🗔【清除放码】

用于将所有已放码的数值清除，回复到基码状态。

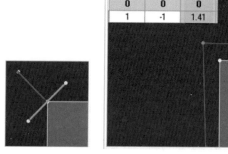

操作方法：可以选择一点或者选择全部放码点，再点击【清除放码】功能。

7. 🗔 / 🗔【清除 X 或 Y 值放码】

该工具用于将所有已放码的 X 或 Y 值数值清除，回复到基码状态。

图4-7-4　粘贴对角线放码

操作方法：可以选择一点 X 或 Y 值或者选择全部放码点 X 或 Y 值，再点击【清除放码】功能。

8. 🗔 / 🗔【反转 X 或 Y 放码】

该工具用于改变 X 或 Y 值放码值的正负方向。如果某点的 X 或 Y 值放码值是"+1/2"，水平翻转后变成"-1/2"，如图 4-7-5、图 4-7-6 所示。

9. 🗔 / 🗔【X 放码相等】或【Y 放码相等】

用于将所有 X 或 Y 值的码数相等。

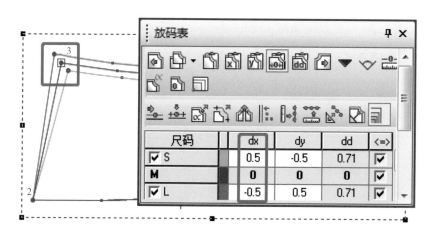

图4-7-5　反转放码前

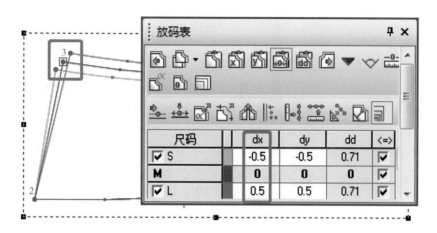

图4-7-6 反转X放码值

操作方法：用软件默认工具选择点"11"，选择【相等 X 或 Y 值放码】功能，该点的所有码数 X 或 Y 值都会显示出来，如图 4-7-7 所示。

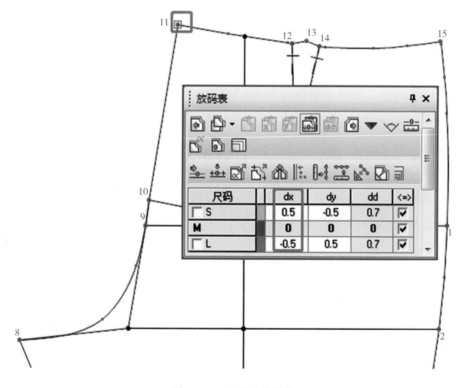

图4-7-7 只显示放码值

注：如果你在屏幕上看不到其他码或只是一部分，按【F4】，使所有的尺码可以显示，如图4-7-8所示。

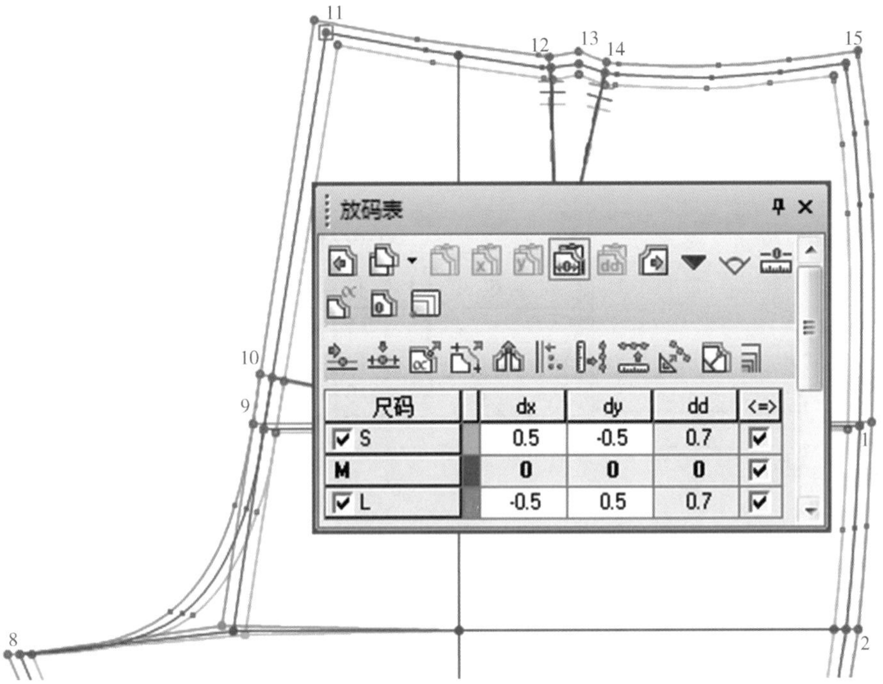

图4-7-8　放码图全部显示

10. 📄【网状放码】

将独立分开的每一个码，利用网状放码功能，使样片重新组成一个网状样片，如图4-7-9所示。

注：接收来自其他CAD系统的DXF，AAMA或其他的文件格式，如这些文件的纸样放码值或纸样之间的关系已经丢失，此工具可建立放码网状图。例如，通过读图板读入一个男士衬衫样板，有S、M、和L码，每个纸样分别读入，纸样之间的联系数据并没有读入。网状放码工具可使不同尺码的同一纸样叠成网状图。

操作方法：

（1）需使用【放码】菜单里的"尺码表"工具确定基本码和其他的码。

（2）打开【视图】菜单的【视图及选择特性】里的"图形点和内部点的编号"，并确认每个尺码的零放码点的编号是相同的。如下图例，在所有的口袋纸样中，将零放码点标为"1#"，如果不是都设为1#，使用【纸样】→【一般】菜单里的"设定纸样开始点"设定。

（3）点击"网状放码"工具。

（4）点击S码口袋上的点"1"。

（5）点击M码（基本码）口袋上的点"1"。

（6）点击L码口袋上的点"1"。

（7）显示口袋的放码套排。如果看不到套排，请按【F4】键。

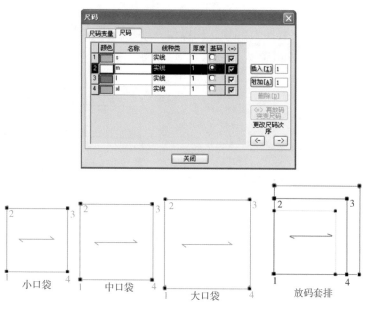

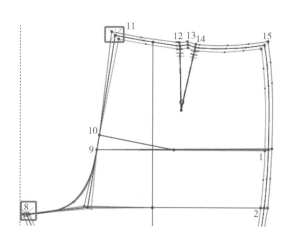

图4-7-9　网状放码图

11. 🗹【比例放码】

平均放码两个点之间距离。按比例放码用于曲线纸样轮廓的放码，例如，可用于裤子后裆弧线。

操作方法：

（1）选取【比例放码】工具。

（2）点击放码第一点，即点"11"；点击放码最后一点，即点"8"，如图 4-7-10 所示。

（3）点击按比例放码的点——点"9"和点"10"，如图 4-7-11 所示。

注：当在点击放码点时，按【Ctrl】只放X值。按【Ctrl】+【Shift】只放Y值。

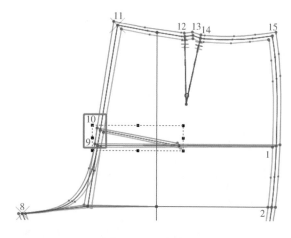

图4-7-10　比例放码参考点的选取　　　　图4-7-11　完成图

12. 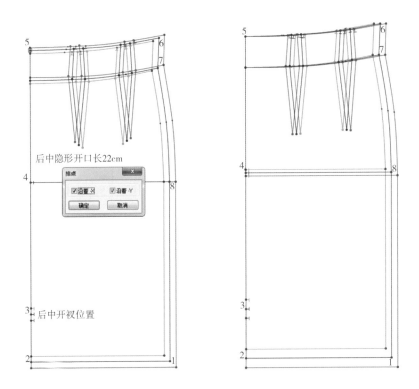【排点】

以 X 或 Y 轴作参考点对齐所有样片，用以检查样片放码数值是否正确。如要返回原来初始位置，如点基线作参考对齐即可，如图 4-7-12 所示。

图4-7-12　排点检查放码值

二、放码工具条二（图4-7-13）

1. 【移动点】

图4-7-13　放码工具条2

可用以单独移动一个尺码放码点的 X 和 Y 数值。

操作方法：选择此工具，指向需要修改的放码点点"2"，按左键移动放码点，出现"按比例移动线段"对话框，输入需要更改的数值，如图 4-7-14 所示。

注：需要修改的点必须是放码点，弧线点是不能够修改的。

2. 【沿着尺码移动】

可以只按尺码的方向单独移动一个尺码的放码点。

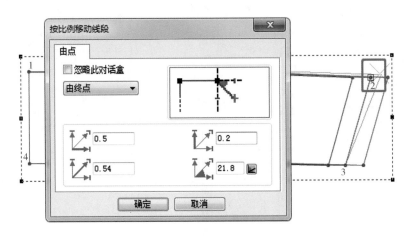

图4-7-14　修改放码点

操作方法：选择此工具，指向需要修改的放码点，按左键移动放码点，出现"沿着图形移动点"对话框，输入需要更改的数值，如图 4-7-15 所示。

注：需要修改的点必须是放码点，弧线点是不能够修改的，缩放尺码的各放码点都可以根据需要进行修改。

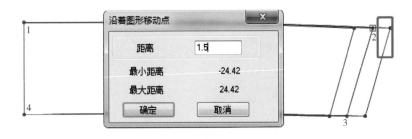

图4-7-15　沿着样板轮廓线移动

3. 【按比例移动尺码】

该工具可以单独移动一个尺码的放码点，还可以移动两个放码点之间的线段。

操作方法：选择此工具，按鼠标左键拖拉选择两个需要移动的放码点，移动到所需位置，再次单击鼠标固定点。出现"按比例移动线段"对话框，输入更改数值，点击"确定"，如图 4-7-16 所示。

4. 【按平行移动尺码】

该工具可以单独平行移动放码点。

操作方法：选择此工具，按鼠标左键拖拉选择两个需要移动的放码点，移动到所需位置，再次单击鼠标固定点。出现"在平行动作移动线段"对话框，输入更改数值，点击"确定"，如图 4-7-17 所示。

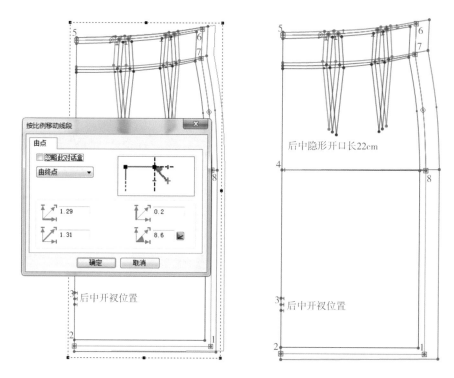

图4-7-16　比例移动样板尺寸

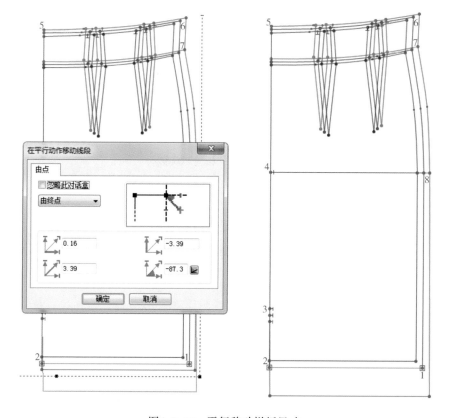

图4-7-17　平行移动样板尺寸

5. 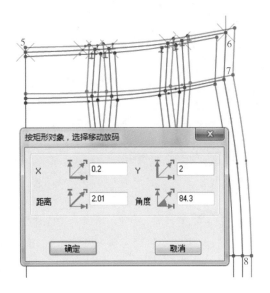【按矩形移动尺码】

可单独移动轮廓或内部的几个点。

操作方法：选取此工具，按鼠标左键框选点"5"至点"6"，移动到所需位置，再次单击鼠标固定点。出现"按矩形对象，选择移动放码"对话框，输入更改数值，点击"确定"，如图4-7-18所示。

6. 【对齐点】

用于单独对齐放码点。

操作方法：选取本工具，按鼠标左键选择需要移动的两个放码点，即点"1"、点"2"，出现"对齐放码点"对话框，选择垂直。点击"确定"，如图4-7-19所示。

图4-7-18 矩形框选移动样板尺寸

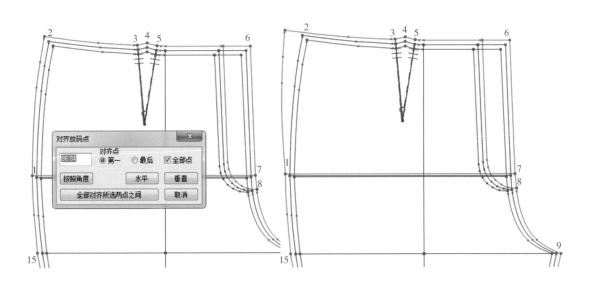

图4-7-19 对齐点

7. 【由垂直对齐尺码】/【由水平对齐尺码】

单独垂直或水平对齐所选择的放码点。

操作方法：选取此工具，按鼠标左键顺时针选择红框处的两个点，所选第一点为对齐点，如图4-7-20、图4-7-21所示。

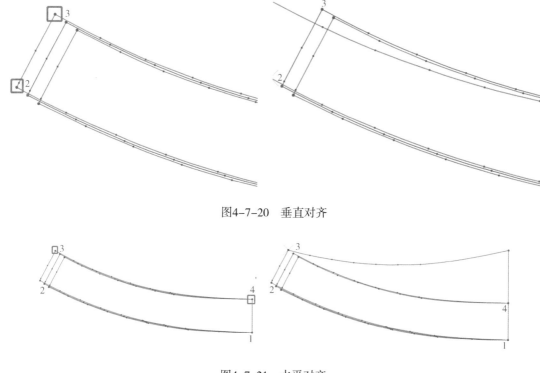

图4-7-20　垂直对齐

图4-7-21　水平对齐

学习重点及思考题

学习重点

了解工具盒人性化的工具模块，能根据个人喜好熟练编辑整理软件中的制板工具，达到绘图时能灵活、高效地使用。

思考与练习

1. 线上加点、剪口的方法，缝份修正的方法练习。

2. 省道工具的三种使用方法。

3. 泡泡袖的制作方法练习。

4. 纸样内部文字的标注及调整。

5. 生褶线的使用。

6. 移动点不同功能操作方法练习。

7. 旋转线段的使用方法练习。

8. 对称衣片与不对称衣片的操作练习。

9. 新建纸样、描绘线段、建立分区三种新建纸样的练习。

第五章　排料系统工具

第一节　MARK系统工具

系统工具包含很多标准的 Windows 工具，如图 5-1-1 所示。

图5-1-1　系统工具条

一、▶【选择】

快捷键为【Z】，是系统默认的选择此工具。

二、□【新文件】

快捷键为【Ctrl】+【N】，点击此工具可清除排料界面当前排图，如图 5-1-2 所示，如果是空白界面则要打开新排图文件，如图 5-1-3 所示。

图5-1-2　清除当前排图，建立新排料界面

三、▷【开启】

快捷键为【Ctrl】+【O】，该工具可从电脑目录中开启已排料的文件。

图5-1-3　在空白界面开启新排图

四、🖫【储存】

快捷键为【Ctrl】+【S】，该工具为储存排料文件。

五、📂【开启】款式

快捷键为【Shift】+【O】，该工具可从电脑目录中开启需要排料的样板文件，如图 5-1-4 所示。

文件名称：查找需要进行排料的 PDS 文档，按 ⋯ 。

同文件名称不同类别：查找需要进行排料的 PDS 文档，按"载入"。

开启款式文件，显示正确的排图档案，按"确定"，如图 5-1-5 所示。

六、🖨【打印】

快捷键为【Ctrl】+【P】，可通过打印机打印出迷你排料（唛架）图，如图 5-1-6 所示。

图5-1-4　载入待排料样板

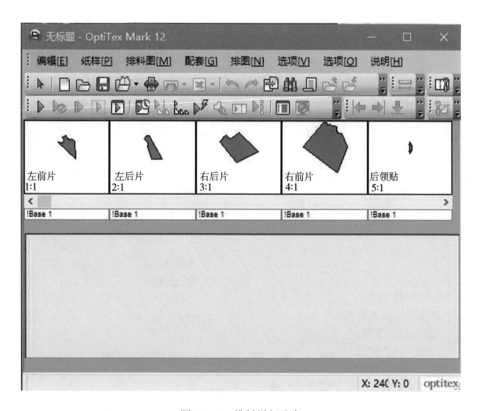

图5-1-5　排料样板准备

七、 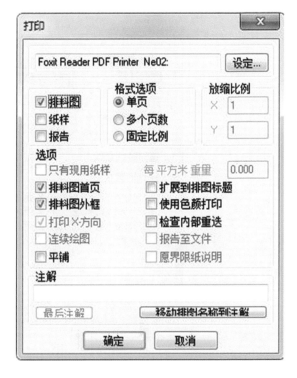【绘图】

快捷键为【Ctrl】+【L】，可通过大型绘图机绘制出排料（唛架）图。绘图对话框内设置需根据不同的机型进行设定，如图5-1-7所示。

八、排料报告

1. 【报告于Excel】

MARK系统在完成排唛后，可直接输出Excel报告，如图5-1-8所示。

报告内部包括以下信息：

（1）内部数据，包含款号。

（2）纸样/制单信息，包含每件纸样的顺序信息。

（3）排料图绘图，包含排唛图的缩图。

（4）检查解决方案，包含检查方案报告。

（5）成本报告，包含成本计算报告。

（6）时间报告，包含时间计算报告。

（7）邮件样式文件以打开默认的电子邮件客户端和附加文件。

（8）Excel文件，当文件储存时，它被保存的位置。

图5-1-6 排料图打印属性设置

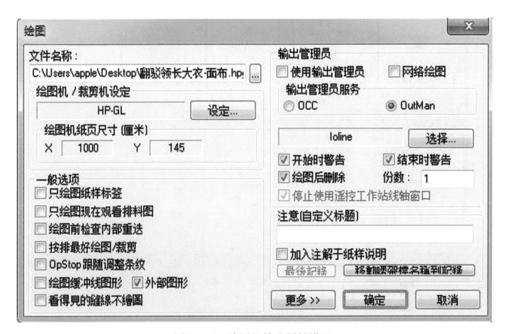

图5-1-7 绘图机输出属性设置

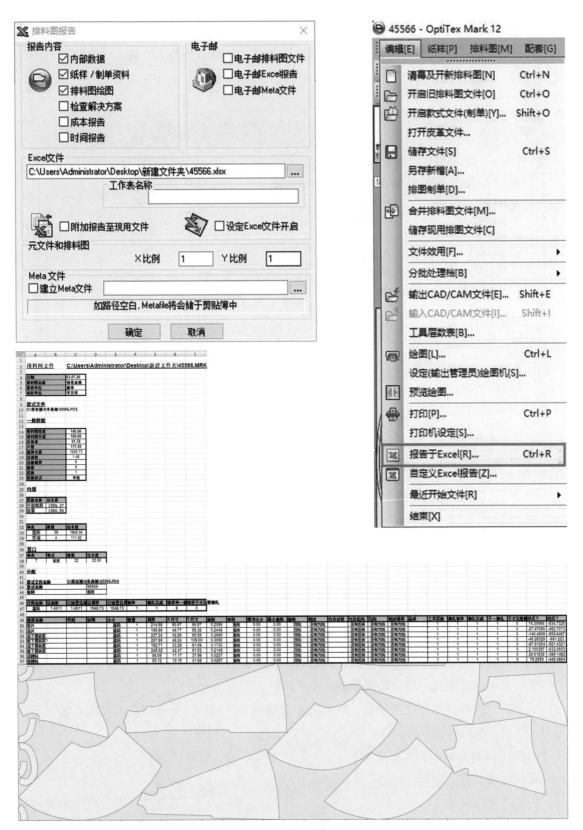

图5-1-8 排料图报告

2. 图【自定义 Excel 报告】

可使客户根据实际情况选择适合的 Excel 报告选项，如图 5-1-9 所示，配合报告于 Excel 工具使用。

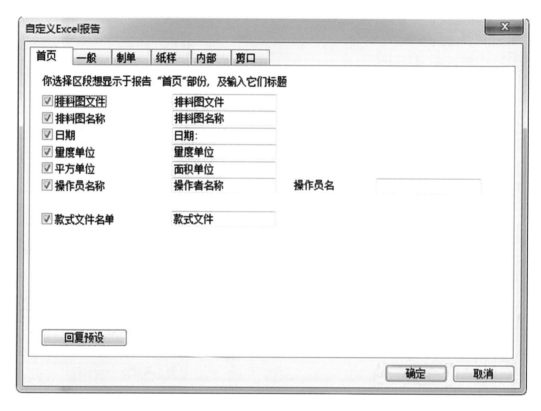

图5-1-9　自定义排料图报告

3. 图【检查现用的解决方案报告】

检查整套排图、非整套排图或重叠样片的完成情况，如图 5-1-10、图 5-1-11 所示。

该报告中可以看到下列项目：

纸样单一捆扎：显示多少件是在一个完整捆绑。

捆扎完成：整套或捆绑已被放置在标志的区域显示的数量。

纸样于不完整捆扎：显示还剩下多少件纸样。

更新捆扎完成：选择此选项时，所有的整套或捆绑将闪烁。更新捆扎未完成：选择此选项时，所有不完成的纸样将闪烁。

4. 图【排料面积和试算实用率】

最优化计算排图布局，如图 5-1-12 所示。

5. 图【运算成本】

用于用料成本计算统计，如图 5-1-13 所示。

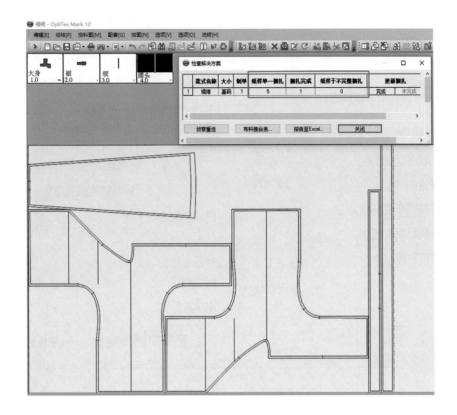

图5-1-10 检查纸样的完整性（完整）

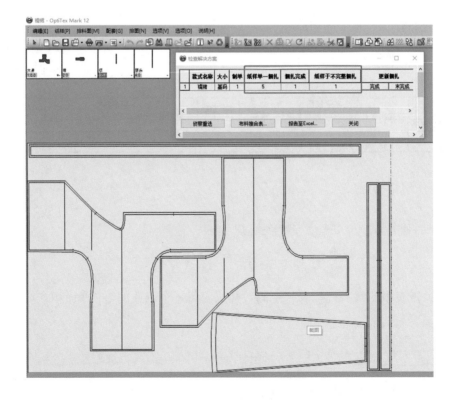

图5-1-11 检查纸样的完整性（不完整）

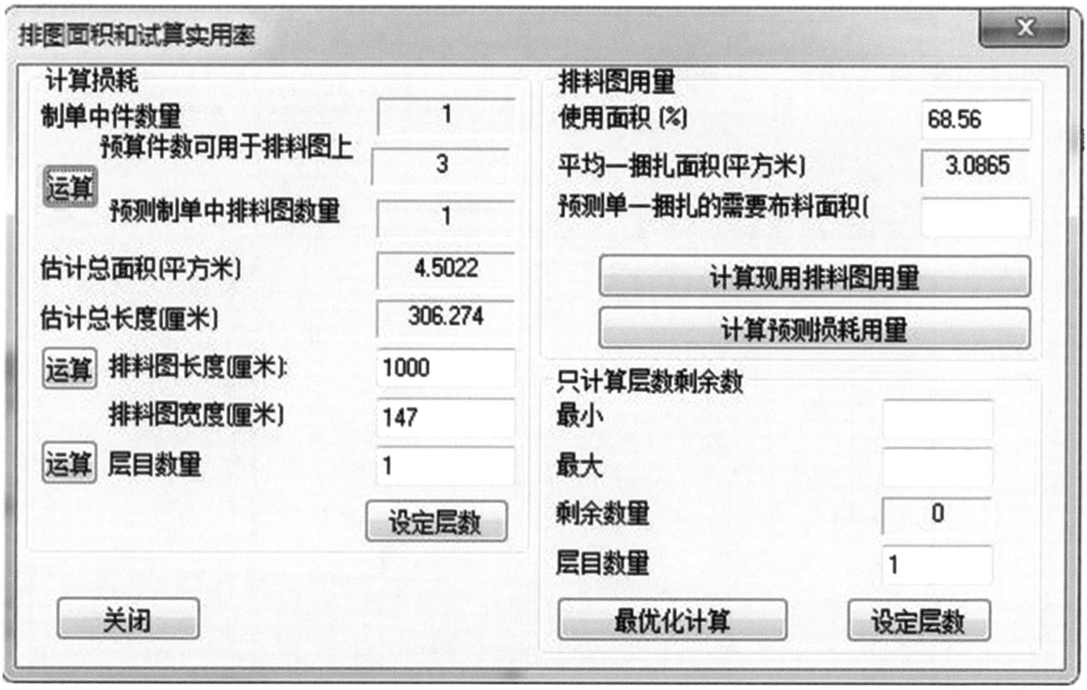

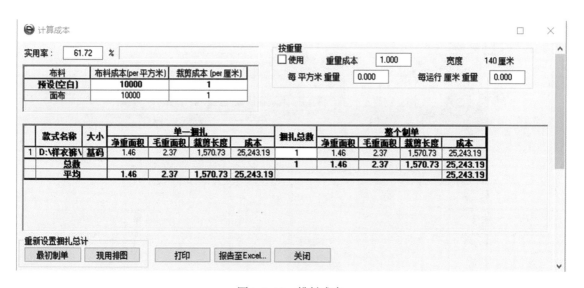

图5-1-12　优化排料

图5-1-13　排料成本

成本表：该表中的每一行代表一个码数样式。每一个码数的毛/净面积，切割长度和成本计算。

九、↶↷【复原之前】/【之后操作】

该功能可操作回退或前进至多20步。

十、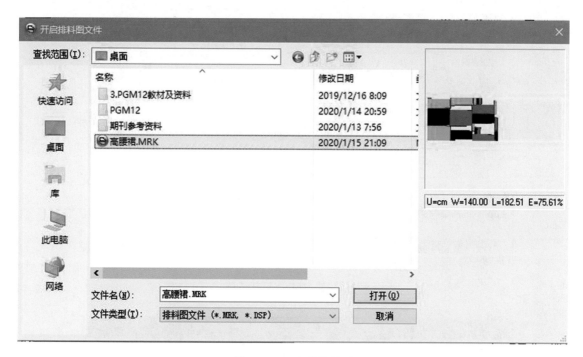【合并】

在同一个排料图下可以增加两个或两个以上已排料图的文件。

操作方法：点击此工具，出现"开启排料图文件"对话框，选择需要合并唛架的文件，按"打开"，如图 5-1-14 所示。

图5-1-14　合并排料图

十一、【搜寻及更新】

该工具可用于查找或更新纸样，如图 5-1-15 所示。

1.搜寻纸样操作方法

（1）点击搜寻及更新工具，出现"搜寻及更新"对话框。

（2）输入需要查找的名称或输入 *.MRK，为了进一步缩小搜索范围，选择过滤的条件，如材料或名称等。

（3）点击"立即寻找"。

2.更新纸样的操作方法

（1）要更新所有 / 选择样片，选择"更新"选项。

（2）选择纸样文件，选择需要加入或取代的纸样名称，点击"加入纸样"或"取代纸样"，纸样会出现在排料图文件里，如图 5-1-16 所示。

（3）点击"更新"，加入或取代的纸样会出现在排料界面的样板放置区，然后可将此样板进行排料，如图 5-1-17 所示。

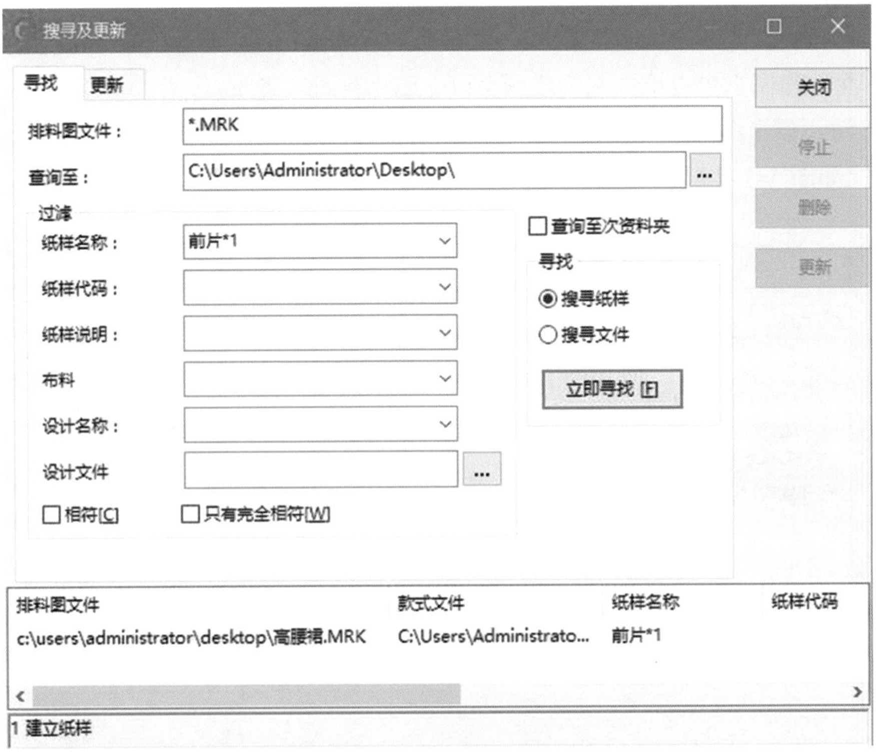

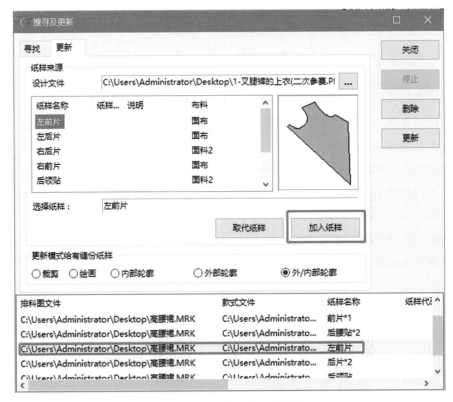

图5-1-15　查找或更新纸样

图5-1-16　加入或取代纸样

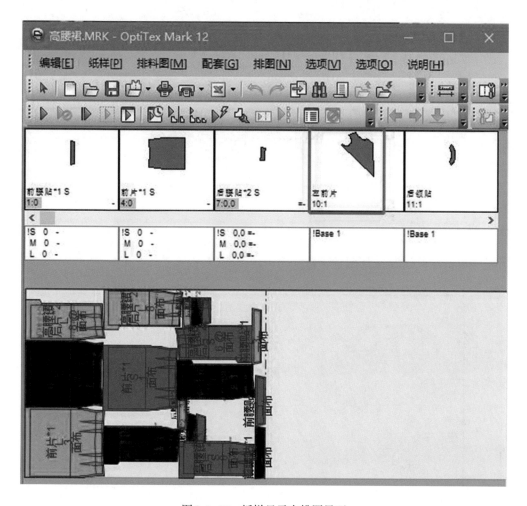

图5-1-17 纸样显示在排图界面

十二、 【输入】/【输出】

快捷键为【Shift】+【I】/【Shift】+【E】，可导入或输出 CAD/CAM 文件格式，后缀为 dxf 的文件，如图 5-1-18、图 5-1-19 所示。

图5-1-18 输入/输出文件

图5-1-19 生成dxf文件

第二节　MARK一般工具

一般工具条用于添加样片信息和切割属性设置，如图5-2-1所示。

图5-2-1　一般工具条

一、🔳【测量】工具

快捷键为【M】，测量样片的长度，如图5-2-2所示。

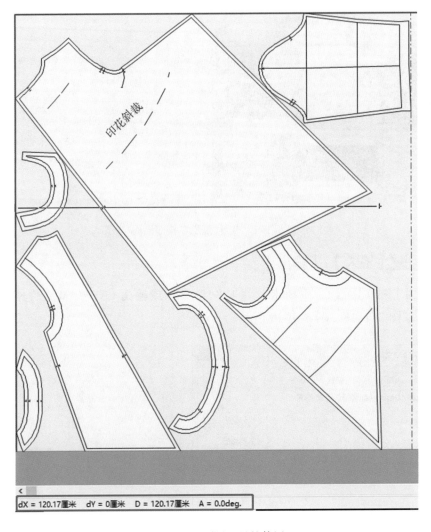

图5-2-2　测量工具的使用

操作方法：

（1）点击此工具。

（2）点击需要测量纸样，并拖动到需要位置，结束测量。

（3）DX 的距离，DY 的距离，与实际距离一起显示在界面的左下方。

二、 📐【剪口】

快捷键为【N】，如图 5-2-3 所示。

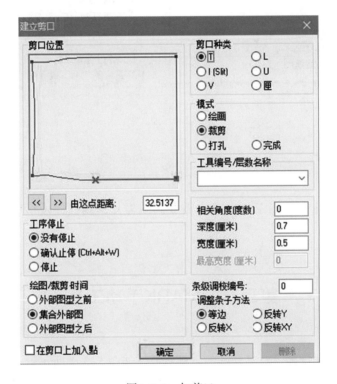

图5-2-3　加剪口

操作方法：

（1）点击此工具。

（2）在需要添加剪口的位置点击一下，出现"建立剪口"对话框。

（3）选择所需剪口属性，点击"确定"。

三、 🆃【文字】

快捷键为【T】，用于添加文字工具，如图 5-2-4 所示。

操作方法：选择【文字】工具，点击需要添加文字的样片。出现【内部文字】对话框，点击"加入"，激活文字，才可添加 / 编辑文字。在纸样上添加好后如果要删除已添加的文字，则选中文字，点击"移除"。

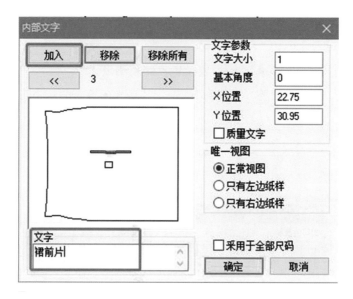

图5-2-4　加文字

四、　【草图】

快捷键为【D】。

操作方法：选择【草图】工具。点击需要画线样片，画线完成后，点鼠标右键【完成草图】。

第三节　MARK手动工具

手动工具用于自动排料后对某样片的手动修改，如图5-3-1所示。

图5-3-1　手动工具条

一、　【左移】/【右移】

快捷键为【Shift】+【←】/Shift+【→】。可向左方移动样片箭头 / 向右方移动样片箭头。

二、　【下移】/【上移】

快捷键为【Shift】+【↓】/【Shift】+【↑】。可向下方移动样片箭头 / 向上方移动样片箭头。

三、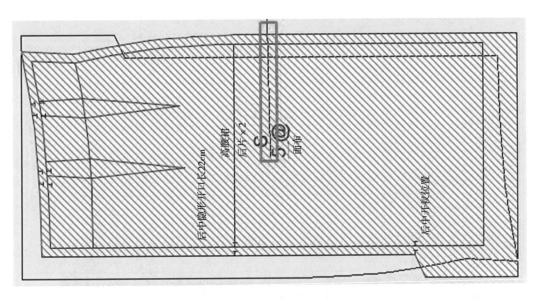【反转Y】/【反转X】

快捷键为【Shift】+【Y】/【Shift】+【X】。用于样片翻转 Y/ 样片翻转 X。

四、【旋转90度】/【旋转180度】

快捷键为【F3】/【F4】。用于样片 90 度翻转 / 样片 180 度翻转。

五、【旋转至中间】

快捷键为【Shift】+【I】/【Shift】+【E】，用鼠标旋转所选样片，如图 5-3-2 所示。

图5-3-2　依中心旋转纸样

操作方法：选择此工具，在样片的中心处按下鼠标，不要松开拉出一条线，样片随即进行了旋转。

六、【旋转至初始】

将样片返回至旋转前的状态。

操作方法：选择此工具，在需要变化的样片上任何部位点击一下即可。

七、【旋转纸样】

任何角度旋转所选样片，如图 5-3-3、图 5-3-4 所示。

操作方法：选择此工具，在样片的任意位置按下鼠标，不要松开拉出一条线，样片随即进行了旋转。

注：样片在PDS制板时的丝缕方向设为任意才可操作。

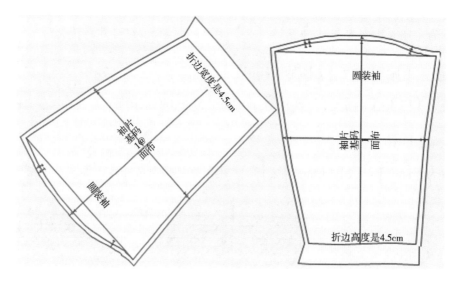

图5-3-3 任意旋转样片

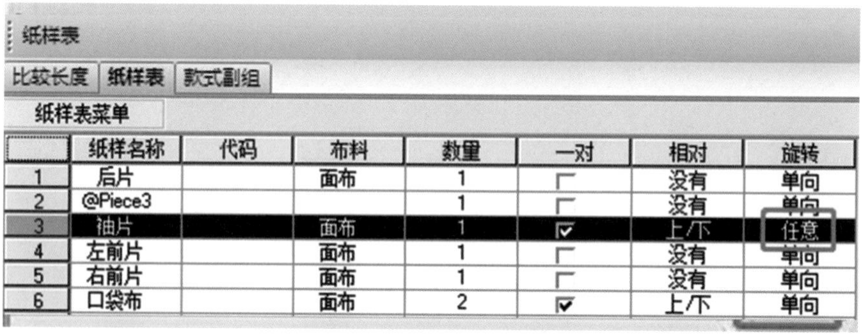

	纸样名称	代码	布料	数量	一对	相对	旋转
1	后片		面布	1	☐	没有	单向
2	@Piece3			1	☐	没有	单向
3	袖片		面布	1	☑	上/下	任意
4	左前片		面布	1	☐	没有	单向
5	右前片		面布	1	☐	没有	单向
6	口袋布		面布	2	☑	上/下	单向

图5-3-4 纸样表里的任意设置

第四节 MARK排料图工具

排料图工具用于对样片的拷贝和对面料的特殊性设置，工具条如图 5-4-1 所示。

图5-4-1 排料图工具条

一、▥【开启定义排图对话盒】（图5-4-2）

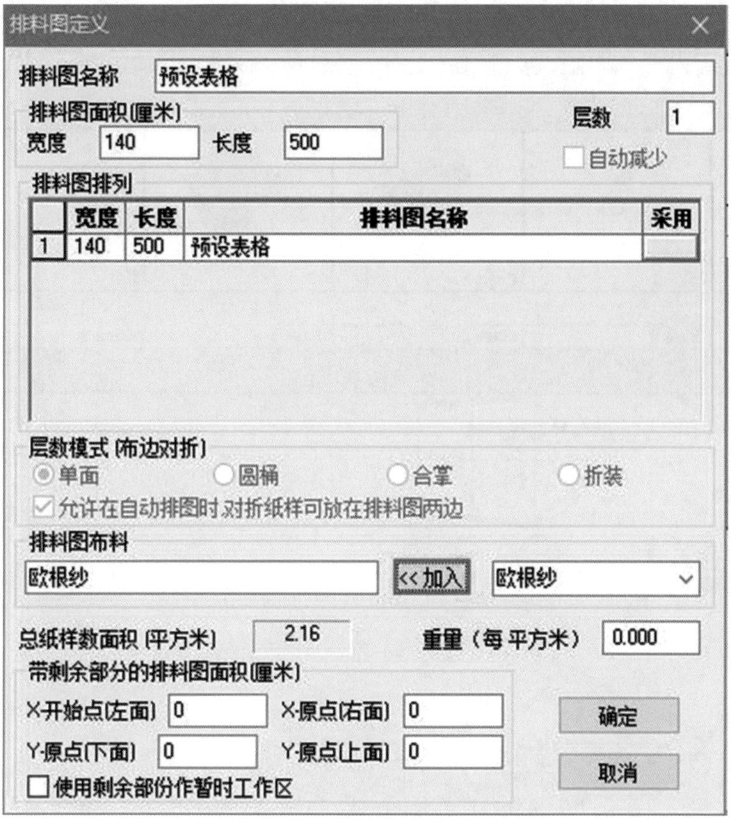

图5-4-2 排料图定义对话框

排料图定义对话框信息：

排料图名称：输入名称在绘图时会出现在档案开始。

排料图面积：输入宽度（Y）和长度（X）的数值。

排料图排列：列表保存的宽度，长度和名称，加载设置，点击"应用"按钮。

层数模式：设置布层的数量。层数模式：单张 / 圆桶 / 合掌 / 折装（折叠）。

排料图布料：选择排图纸样需要的布料参数。

带剩余部分的排料图面积：设置布料布边的数值。

二、▱▰【侦察重叠】/【移除重叠】

检查排图后，是否有纸样重叠 / 在排图有重叠的纸样删除。

三、▦【复制】

复制已排图的全部样片，也可以对选择的样片进行复制，如图 5-4-3、图 5-4-4 所示。

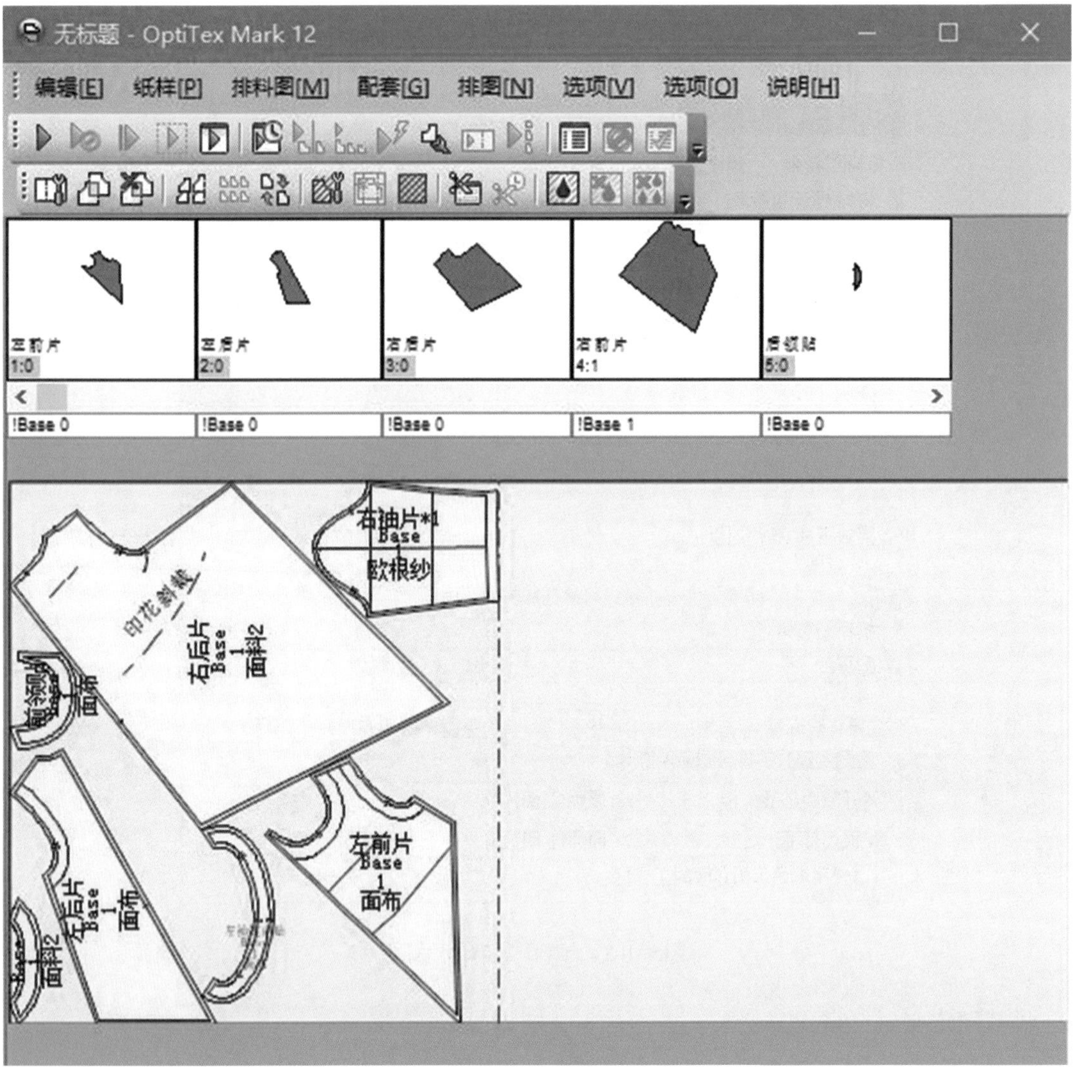

图5-4-3　复制样片

四、🔳【排列】

只有复制后此工具才能被点亮，出现"排列样片"对话框，如图 5-4-5 所示。

五、🔳【替代纸样】

可用于替代纸样的尺码或样片更新，如图 5-4-6~ 图 5-4-8 所示。

操作方法：

（1）选择替代工具，出现"替代纸样"对话框。

（2）浏览选择进行替代的 PDS 文件，尺码替代在尺码代替栏：左边为现用尺码，右边为需代替尺码，选择完成后，点击"确定"。纸样被替代后，按图工具栏里的 ▶ 可以重新进行自动排料。

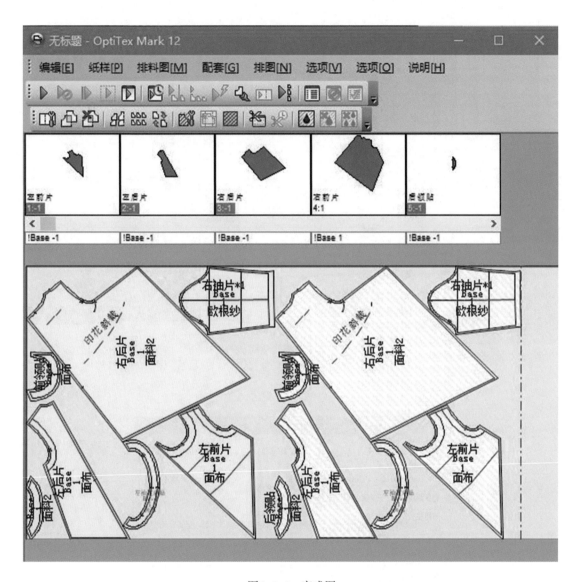

图5-4-4　完成图

图5-4-5　排列样片

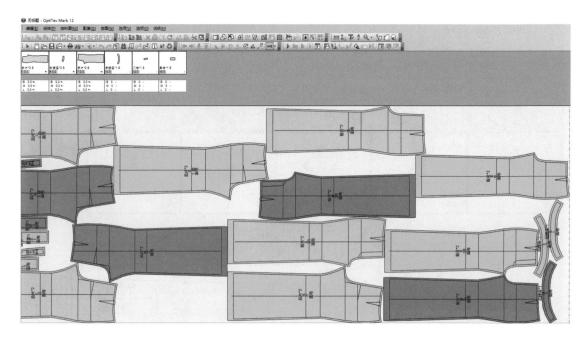

图5-4-6 替代前样板

图5-4-7 选择替代样板

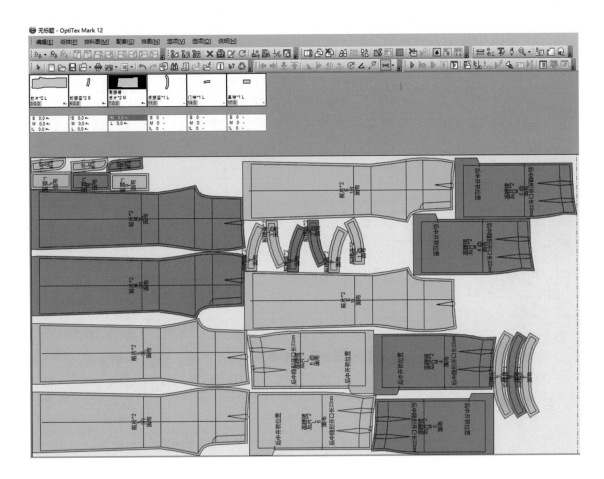

图5-4-8 替代后样板

> **注:** 载入裁剪线:按需要选择是否加载缝份线。
> 替代档案:选择需要替代的档案。
> 现用款式文件:显示正在使用的档案。
> 尺码代替:左边为现有尺码,右边为需要替代的尺码。
> 纸样代替:左边为现有纸样,右边为需要替代的纸样。

六、▨【定义重复条纹给调教条纹纸样】

用于制作格子或条纹图案的面料排版,接着在选项下拉菜单里条纹调整打"√",如图5-4-9、图 5-4-10 所示。

条纹开始点:X 开始的距离值是用来定义第一个 X 条纹的开头。这是指从左边开始。Y 开始的距离值是用来定义第一个 Y 条纹的开头。这是指从底行开始。

垂直布纹:输入垂直条纹的距离。如果需要 90 度以外的角度,输入所需的角度。

布纹(水平):输入水平条纹的距离。如果需要 90 度以外的角度,输入所需的角度。

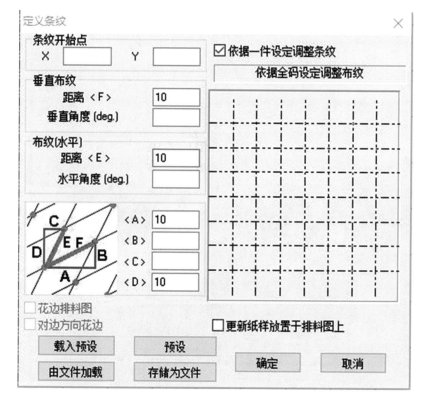

图5-4-9　格子排料设置

七、【相对于条纹】

用于定义所选纸样位置相关纸样和布纹：定义纸样在条格布料或花式布料上面的位置。

操作方法：

（1）选择需要对条格或定位花型的纸样。

（2）启用相对条纹纸样对话框，"使用 X"、"使用 Y"打"√"，接着在相应的接点距离里输入 X 和 Y 数值，如图 5-4-11 所示。

八、【附加布料图像于排料图】（图5-4-12）

布料：定义材料名称，列表中的第一材料是默认的材料制成，没有分配给一个材料名称。

图像文件：设置一个材料，点击右侧的"…"的箭头，找到所需图片的路径。选择图片，打开文件。

原样 X /Y：更改图像文件的大小（实际尺寸）。

偏移 X/Y：定义垂直和水平距离开始重复的图像。

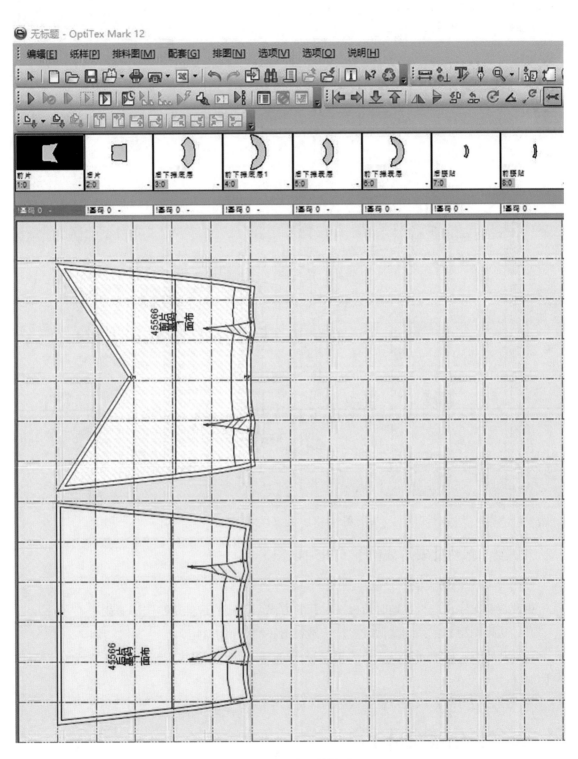

图5-4-10　格子排料图

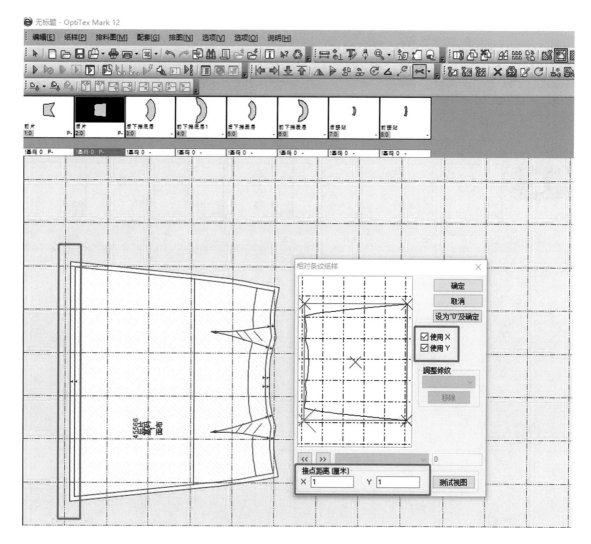

图5-4-11　定义样板位置

九、📋【最优化安排裁剪】（图5-4-13）

使用 X 和 Y 的最大值。

更改裁剪次序：是否在顺时针或逆时针的方向，以获得最佳切割次序的裁片。

开始从排图顶部：系统默认设置是从排料图底部开始切割。

选择开始点：样片间可以选择"起点"。新的开始点，在每片纸样都有标记位置，以减少空闲时间。

外围线裁剪方向：以获得最佳效果的优化选项。

十、📋【纸样裁剪次序】

用于切割顺序的切换，如图 5-4-14 所示。只有连接外设机器（电脑裁床）和安装裁切模块时，此工具才能被点亮使用，是为了保证裁片裁剪质量，对裁切点的设置。

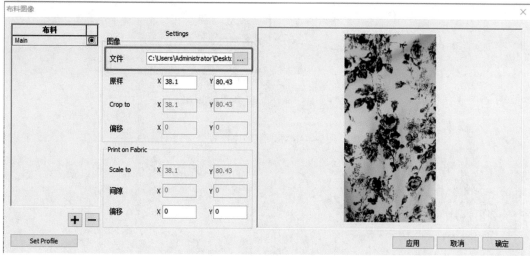

图5-4-12　布料图案位置

图5-4-13　裁剪优化设置

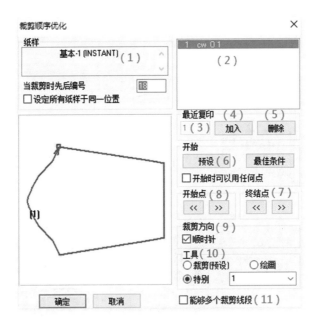

图5-4-14　切割顺序设置

注：由图5-4-14中各部位的含义：
（1）纸样的名称等详细资料。
（2）列出这片样片切割的次序。
（3）切割的次序号。
（4）添加一个新的切割序列。
（5）删除选定的切割序列。
（6）优化切割起点。
（7）改变当前序列的终点。
（8）改变当前序列的起点。
（9）切割方向的变化。
（10）定义工具/层的当前序列的名称。
（11）使切割序列彼此重叠。

十一、 ◙【建立瑕疵位】（图5-4-15、图5-4-16）

操作方法：点击建立瑕疵位工具，绘制一个矩形标记定义瑕疵区域，出现"瑕疵"对话框，修改数值，确定瑕疵位置。

十二、 ▨/▨【清除瑕疵】/【取消全部瑕疵】

取消建立的瑕疵/取消建立的全部瑕疵。

操作方法：在样板上建立瑕疵位后，这两个工具才能被点亮。单击一下工具就完成取消操作。

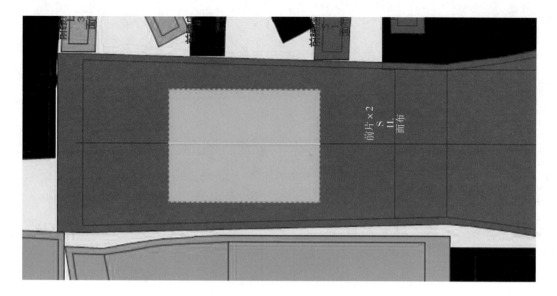

图5-4-15　瑕疵位置

图5-4-16　瑕疵大小

第五节　MARK 纸样工具

纸样工具可结合样片用于对面料特殊属性的设置，如图 5-5-1 所示。

图5-5-1　纸样工具

一、 【纸样数据】

对单个尺码单个样片的内部资料，在排料时可作修改，修改资料只是当前排料图用，不会更改 PDS 的样板内容，如图 5-5-2 所示。

二、▨【全部尺码数据】

对全部尺码单个样片的内部资料，在排料时可作修改，修改资料只是当前排料图用，不会更改 PDS 的内容，如图 5-5-3 所示。

图5-5-2　单个尺码的单个样片　　　图5-5-3　所有尺码所有样片

三、🔲【总体数据】

对全部尺码所有样片的内部资料，在排料时可作修改，修改资料只是当前排料图用，不会更改 PDS 的内容，如图 5-5-4 所示。

图 5-5-5 中红色框显示的不同名称，根据需要在相应的特性框里的比例 / 放缩因子"加放面料缩率"，如图 5-5-5 所示。

图5-5-4　所有尺码单个样片 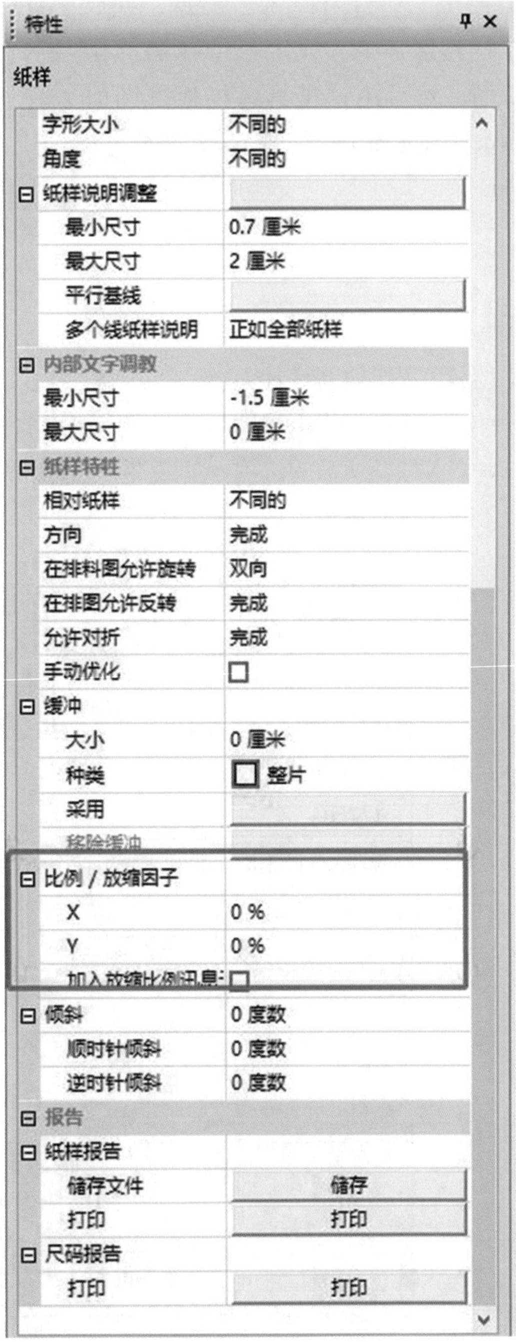　　　　　　　　图5-5-5　加放缩率

四、✖【删除纸样】

将所选纸样的所有尺码从排料图中删除。

五、⬚【制造孔洞】

用于真皮排料，把一张皮当样板进行轮廓扫描，设定一个孔洞的排图面，然后用这工具将样板排图面掏空，在里面进行排料，如图5-5-6所示。

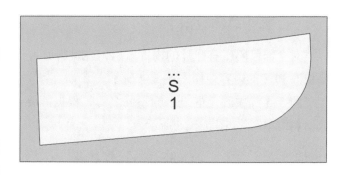

图5-5-6 孔洞排图面

六、▨【编辑纸样】（图5-5-7）

操作方法：

（1）选择所需样片。

（2）选择编辑纸样工具，出现【编辑纸样】对话框。

（3）选择所需的选项，如缓冲、加点和翻转等。

（4）输入更改数值，按"关闭"。

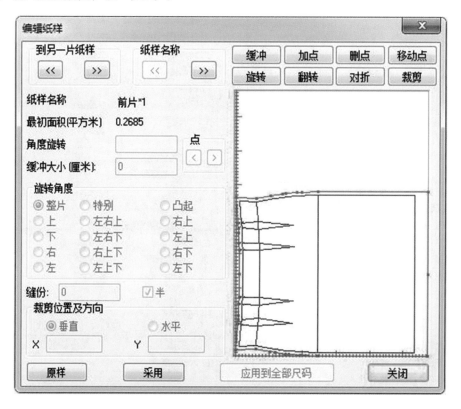

图5-5-7 编辑纸样

七、 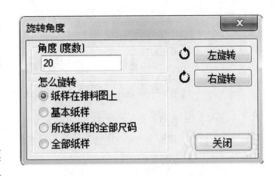【旋转】

选择纸样输入需要的角度旋转，如图5-5-8所示。

八、 【内部】（图5-5-9）

内部次序：根据内部线条的不同需求对模式进行选择，在绘图打印时会根据选择的模式出图。

图5-5-8　在排料图上旋转纸样

绘图/裁剪时间：当内部进行切割或绘画时，确定剪口或内部资料是在切割之前还是之后的动作。

唯一图视：确定是否改变左侧、右侧或两侧的样片。

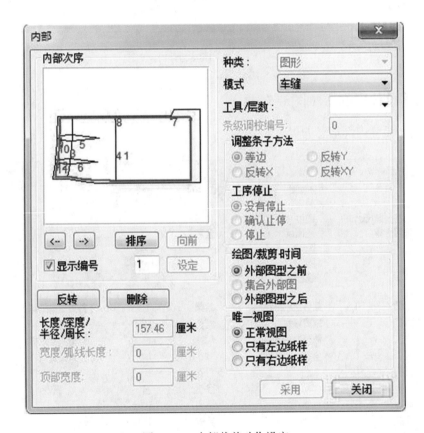

图5-5-9　内部裁剪动作设定

九、 【孔洞 内部】

把已有的纸样内部制作的轮廓掏空。即用制造孔洞工具掏空的排料图进行排料，如图5-5-10所示。

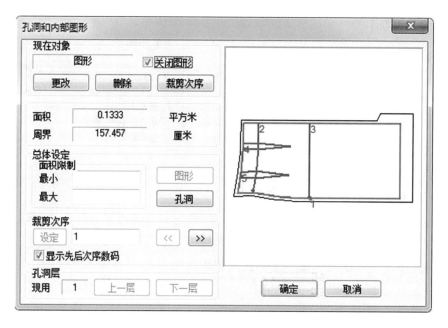

图5-5-10　真皮内部裁剪动作设定

十、⅟₂【总体内部】（图5-5-11）

该工具用于纸样内部信息的设置。

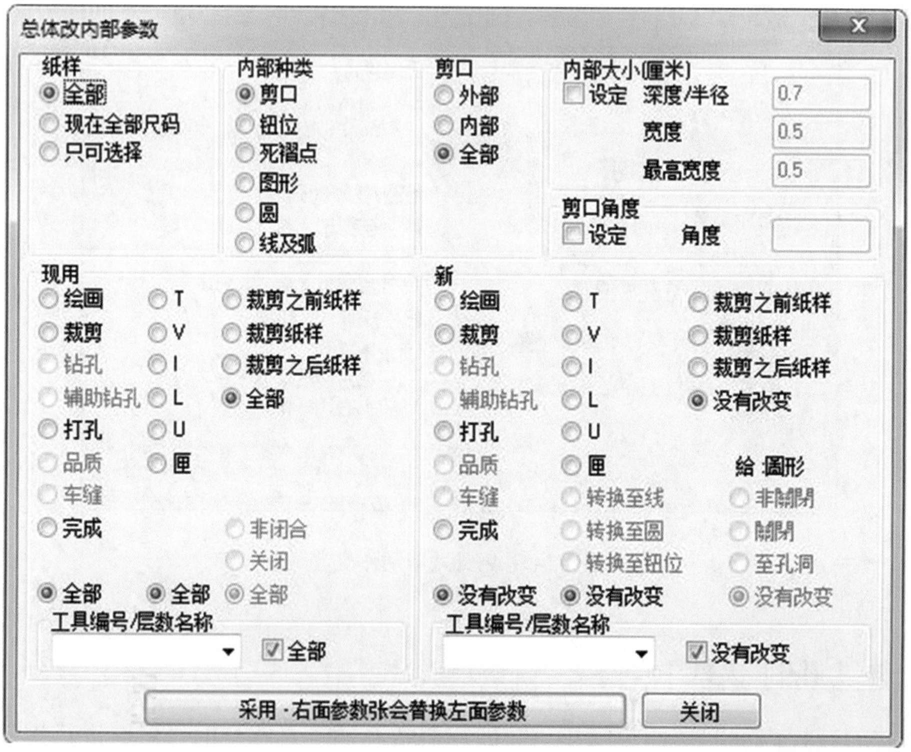

图5-5-11　内部参数设置

第六节　MARK排图工具

排图工具用于自动排料的设置，如图5-6-1所示。

图5-6-1　排图工具条

一、▷【开始自动排图】

快捷键为【Shift】+【N】，清除已有的电脑自动排图。

二、▷【停止自动排图】

快捷键为【Ctrl】+【Shift】+【N】，暂停正在进行的自动排图，如果要继续自动排图，按▷即可。

三、▷【继续自动排料图】

在进行排图工作时，可先将大的纸样手工排图，小的纸样电脑自动排图，但需要把▷设定自动排图图标下的快速计算"√"去掉，如图5-6-2所示。

四、▷【自动排图只用所选纸样】

快捷键为【Ctrl】+【Alt】+【N】，自动排图时只排被选择的纸样（按住【Ctrl】键可同时选择多个纸样），其他纸样手工排图。

五、▷【设定自动排图】

快捷键为【Ctrl】+【Shift】+【Alt】+【N】，可根据实际要求进行自动排图项目选择。

标准：按电脑预设的程式进行自动排图。

快速计算：勾选快速计算比没有勾选排图时间会快。

群组排图：按要求选择没有群组 / 根据捆扎 / 据纸样序列。

图5-6-2　快速排料

六、凹【自动排图排队】

设定一个自动排图的排队电脑自动完成所设定的排图工作。

操作方法：调入 PDS 文件，设定好面料信息后进行保存，可根据多款排料需要再次调入 PDS 文件，设定好面料信息后进行保存。打开凹弹出如下对话框，点击红色框的下拉箭头，如图 5-6-3 所示。

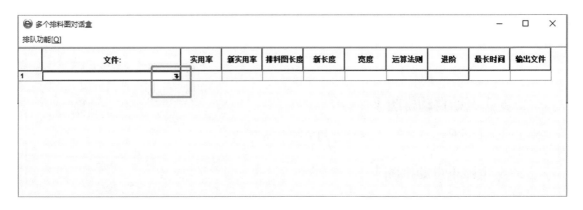

图5-6-3　多款排料的文件导入

选择排料图的文件对话框中找到保存的 MRK 文件，并依次加入，如图 5-6-4 ~ 图 5-6-7 所示。

多个文件执行操作结束后会在同一个路径里生成新的 MRK 文件，如图 5-6-8 所示。

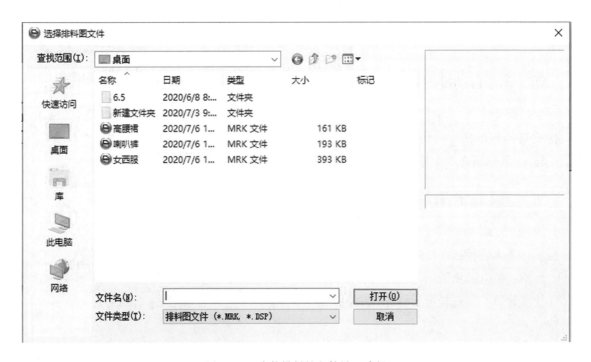

图5-6-4　多款排料的文件导入路径

图5-6-5 多款排料文件导入完毕

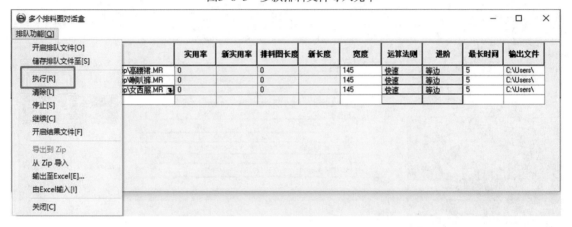

图5-6-6 多款排料的文件执行

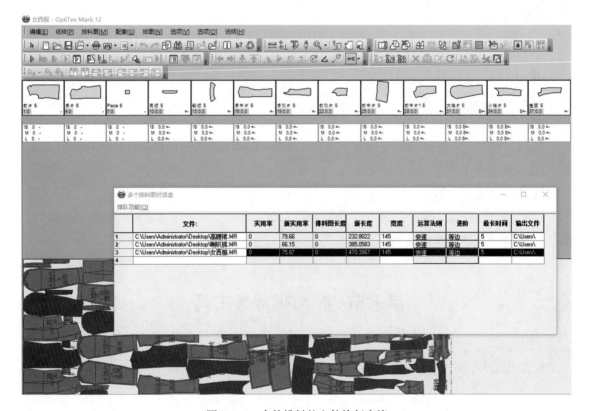

图5-6-7 多款排料的文件执行完毕

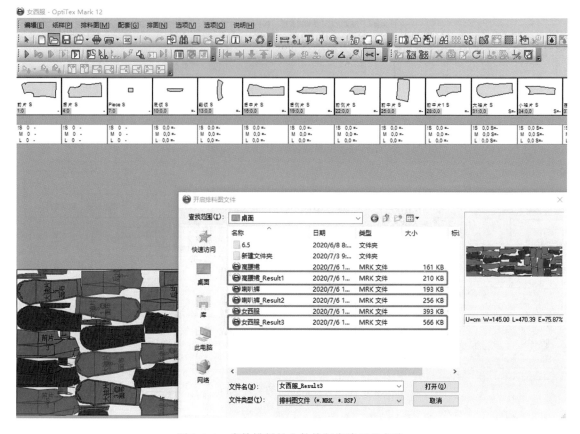

图5-6-8　多款排料的文件执行完毕后的名称

每一尺码张于排图中分开盒子。

自动排图纸样跟纸样。

立即排图。

执行压缩（只在排图完成后）：快捷键为【Ctrl】+【J】，排图完成后，再执行排图压缩。

从排纸样于排图。

填充颜色于列数。

开始分批处理档 / 停止分批处理档 / 断续分批处理文件完成：批处理文件 / 停止批处理文件 / 断续分批处理文件。

第七节　MARK放置工具

放置工具用于对没有排料的样片进行选择捆扎放入排料区，如图 5-7-1 所示。

图5-7-1 放置工具条

一、【放入所选纸样于排图】

该工具可放置一片纸样到排图工作区内，或放置超出其实际数量样片。

二、【放入一捆扎】

该工具可放入一套样片于排图工作区内。

三、【放入】

选择所有样片，一次全部放在排图工作区内，如图5-7-2~图5-7-4所示。

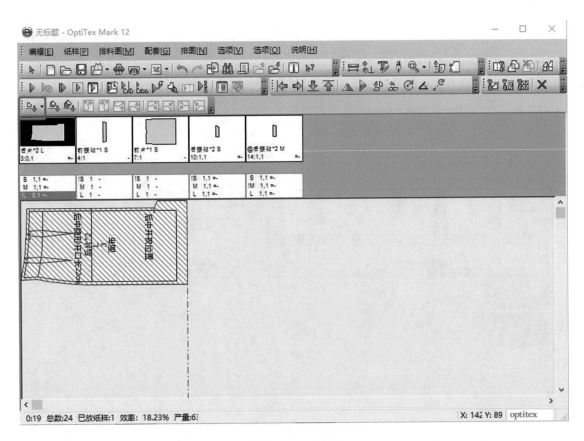

图5-7-2 一片排

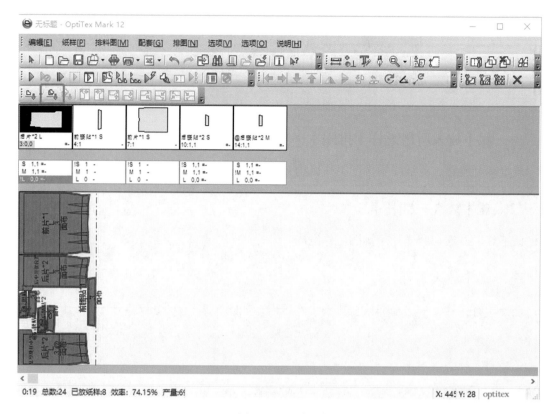

图5-7-3　一捆扎

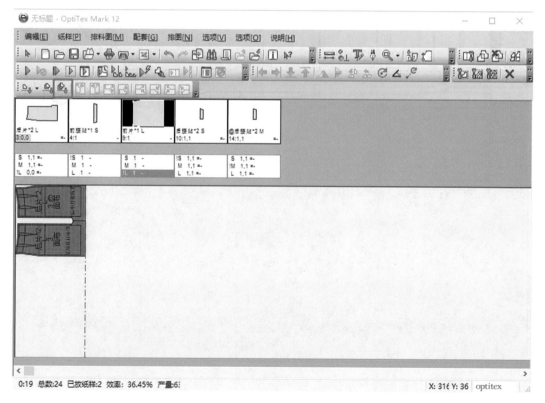

图5-7-4　所选样片的全部放入

第八节　MARK配套工具

配套工具用于样片的面积计算和印、绣花等定位设置，如图 5-8-1 所示。

图5-8-1　配套工具条

一、🗗【保留所选组别作独立纸样】

多个样片需要增加片数，可以一次框选组合并呈现于排料待排区域，再次加入排料中，如图 5-8-2 所示。

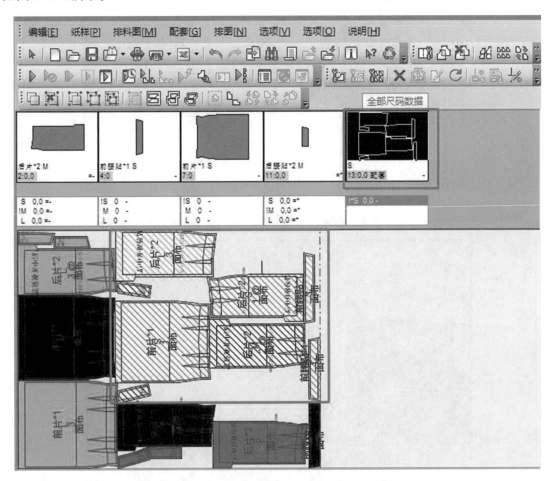

图5-8-2　建立独立纸样组别

二、🗙【删除组别】

删除建立的独立纸样组别。

三、🔲【锁定排图上】

排图所选定组合被"冻结"，直到被解开，与所选择解开命令一起使用，如图5-8-3所示。

操作方法：选取需要组合的样片，然后点击工具，被组合的样片只能一起被移动。

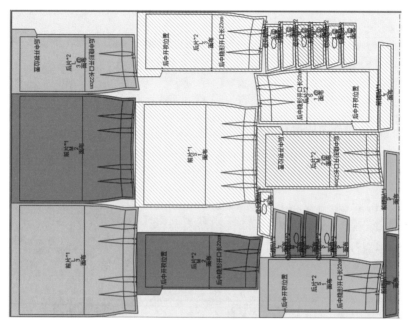

图5-8-3　锁定排图组别

四、🔲【所选择解开】

排图所选定组合被解开，与锁定排图上命令一起使用，如图5-8-4所示。

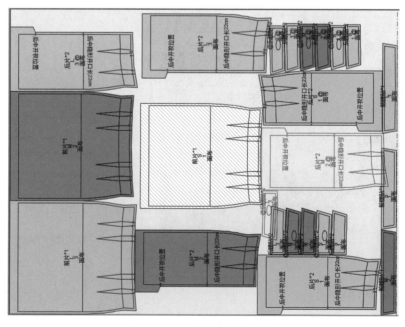

图5-8-4　解开锁定排图组别

五、【解开全部组于排料图中】

该工具用于解除样片群组，位置盒子等设置。

六、【预设位置盒子】

快捷键为【Ctrl】+【B】，如图 5-8-5 所示。用样片的最长和最宽生成长方形。

图5-8-5　排料图面积

七、【节约位置盒子】

快捷键为【Ctrl】+【Shift】+【B】。同时框选 两个及以上样片，然后使用该工具。

八、【最优化盒子】

快捷键为【Ctrl】+【Shift】+【Alt】+【B】，如图 5-8-6 所示。对样片一周加放 1cm 宽度。

图5-8-6　排料图面积优化

九、【选择全组捆扎】

快捷键为【Ctrl】+【K】，用于在同一个文件，同一面料属性下使用。点击样片，然后点击工具可以容易地找到某组样片，并删除或旋转统一方向。

第九节　MARK选项工具

选项工具用于排料文件和样片属性的设置，如图 5-9-1 所示。

图5-9-1　选项工具条

一、【显示特性】

快捷键为【F10】，选择显示屏幕所看到的纸样和内部资料，纸样和内部可以切换，显示不同的资料，如图 5-9-2、图 5-9-3 所示。

图5-9-2　排料图特性

二、【提示数据】

当用箭头点击纸样时，出现提示资料，如图 5-9-4 所示。

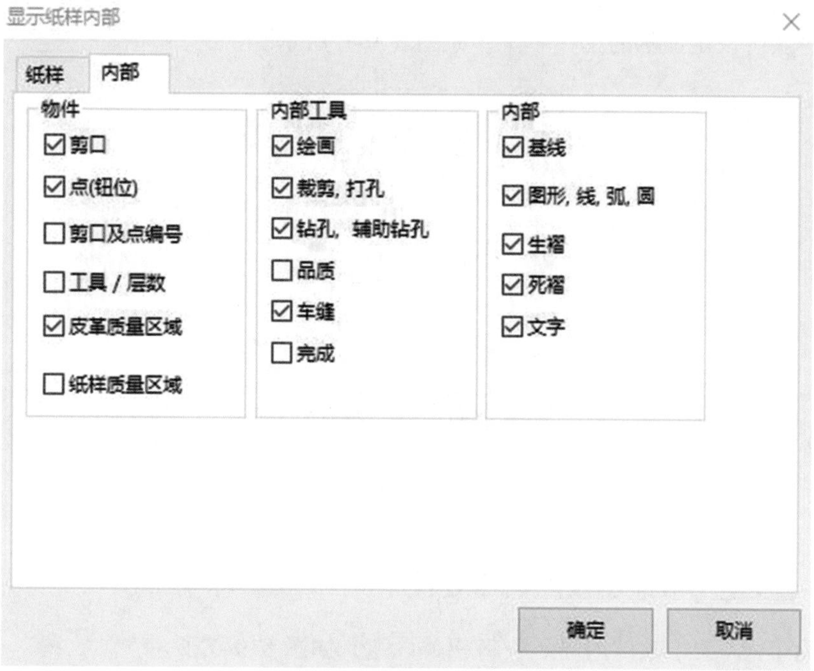

图5-9-3 排料图纸样信息

三、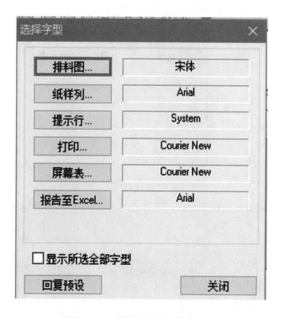【定义字体】

根据用户要求设定软件内的字体，如图 5-9-5 所示。

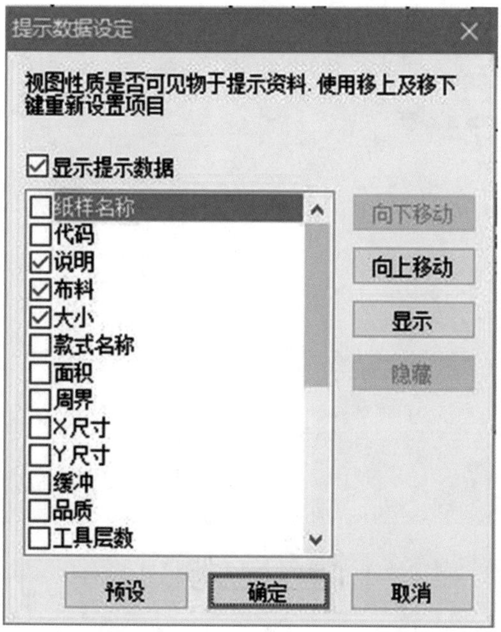

图5-9-4 排料图纸样提示信息   图5-9-5 排料图文字信息设置

四、【工作单位】

根据用户实际设定显示的工作单位，如图 5-9-6 所示。

图5-9-6　单位设置

五、■【设定一般显示及默认重要性】

快捷键为【\】，关于软件内显示资料相关设定，如图 5-9-7 所示。

图5-9-7　排料图显示信息设置

学习重点及思考题

学习重点

1. 排料系统的功能分布、排料工具的使用。

2. 排料参数的设定。人机交互排料，合理旋转衣片，提高用料率。

3. 排料面料设定要严谨，在排料中检查样板片数的完整性。

4. 掌握面料缩率加放的设置。

思考与练习

1. CAD 排料与手工排料间的共同点与不同点，如何交互使用?

2. 如何合理地利用样片缺口对位，提高利用率?

3. 如何提高样片的摆放效率?

第六章　样板创意设计实例

第一节　高腰裙实例

一、高腰裙结构设计

（一）成品规格尺寸表（表6-1-1）

表6-1-1　成品规格尺寸表 单位：cm

部位	裙长	腰围	臀围
尺寸	53	70	96

（二）款式图（图6-1-1）

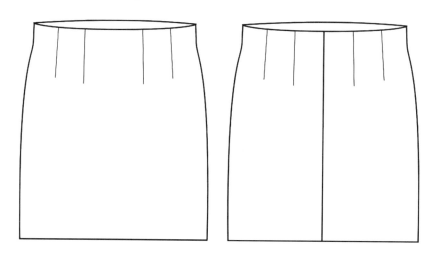

图6-1-1　平面款式图

（三）作图步骤

1.建立前片纸样

点击▢工具或在工作区空白处点击右键，在下拉菜单中选择"建立纸样"，选择"建立矩形纸样"，新建一个矩形纸样。弹出"开长方形"对话框，输入"前片""长度24"和"宽度53"，点击"确定"完成，如图6-1-2~图6-1-4所示。

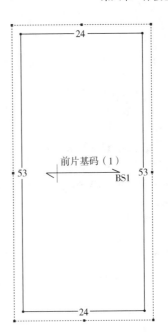

图6-1-2 建立纸样工具条

图6-1-3 建立纸样对话框图

图6-1-4 建立前片纸样

> **注：** 弯曲度代表面料软硬，数值越小，面料越软；相反数值越大，面料越硬。
>
> 伸展代表面料弹性，数值越小，面料弹力越好；相反数值越大，面料弹力越差。
>
> 剪切代表塑形，数值越小，塑形越好；数值越大，塑形越差。
>
> 摩擦代表面料的粗糙度，数值越小，面料越细腻；相反数值越大，面料越粗糙。
>
> 厚度代表面料本身的厚度。
>
> 重量代表面料本身的克重。

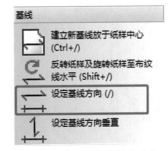

图6-1-5 点击"设定基线方向"工具

2. 设定竖直方向基线

点击 ⊟【设定基线方向】工具，点击前片样板竖直轮廓线为参考线，设定基线竖直方向，如图 6-1-5、图 6-1-6 所示。

3. 生成腰口和臀高水平线并做调整

（1）点击 ✒【草图纸样或内部图形】工具，生成腰口水平线，鼠标左键点击轮廓线，弹出"点位置"对话框，在"最近点"输入 5，点击"确定"，如图 6-1-7~图 6-1-9 所示；用同样的方法生成臀高水平线，如图 6-1-10 所示。

（2）点击 ▦【拖拉矩形选择移动内部对象及点】工具，

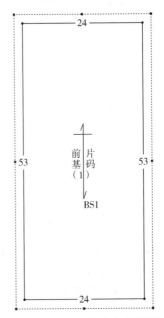

图6-1-6 设定竖直方向基线

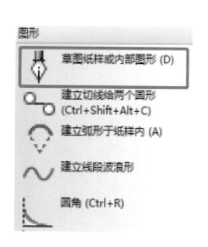

图6-1-7 点击"草图纸样或内部图形"工具

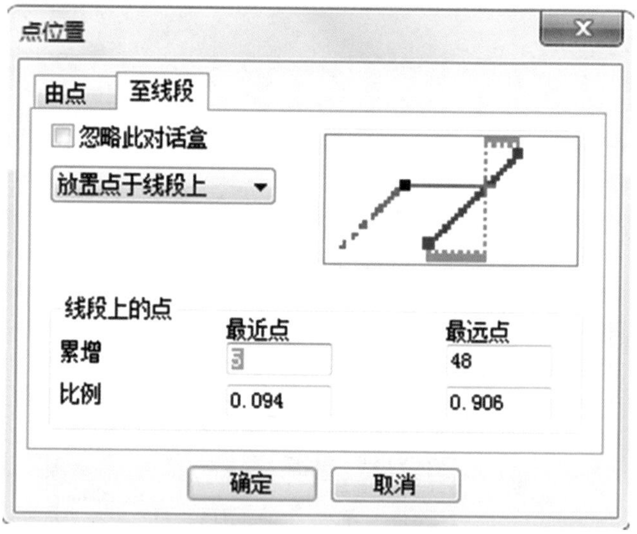

图6-1-8 设置点位置

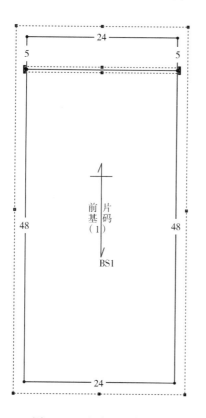

图6-1-9 生成腰口水平线

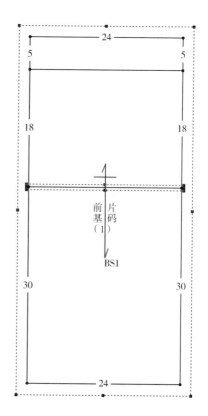

图6-1-10 生成臀高水平线

框选腰口下 5cm 点，接着水平向纸样内部拖动，点击鼠标左键出现"所选矩形移动点及对象"对话框，在 X 轴输入 2cm，点击"确定"，如图 6-1-11 所示；再次框选腰口上点并向内拖动 1.8cm，如图 6-1-12 所示；最后将腰口上下两点一起框选并在 Y 轴输入 1cm，如图 6-1-13 所示。

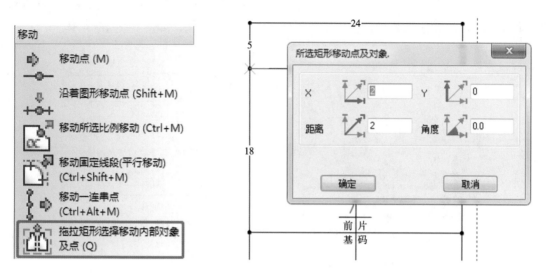

图6-1-11 点击"拖拉矩形选择移动内部对象及点"工具

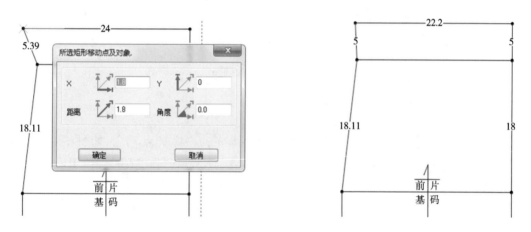

图6-1-12 腰口线调整

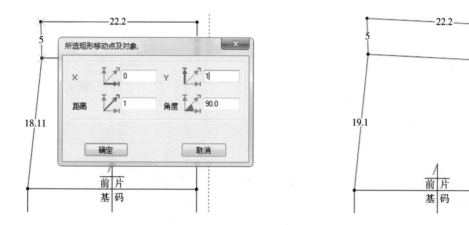

图6-1-13 腰口线起翘

（3）点击 🔾【移动点】工具，鼠标左键点击臀侧线任一处，并且同时按住键盘上的【Shift】键，将臀侧线调成理想的弧线；腰口线用同样的方法进行调整，如图6-1-14所示。

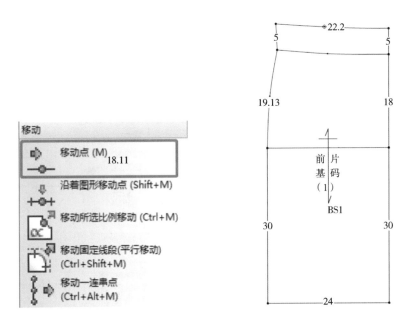

图6-1-14　臀围线调整

4. 绘制腰省

（1）点击 🔁【交换线段】工具，鼠标左键点击纸样的点"4"和点"7"，如图6-1-15所示；接着再次点击点"4"和点"7"，如图6-1-16、图6-1-17所示；"弹出交换线段图形"对话框，点击"确定"。

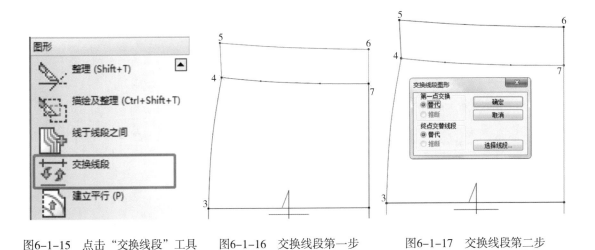

图6-1-15　点击"交换线段"工具　　图6-1-16　交换线段第一步　　图6-1-17　交换线段第二步

用默认工具点击点"4"至点"5"，再点击"设计"菜单下拉窗口的"加入"子菜单选择放码点，接着在编号内填入"3"，这样此线条上出现三个点，线条被分成了四等分，如图 6-1-18、图 6-1-19 所示。再用【交换】工具将之前交换的线段再交换回去。

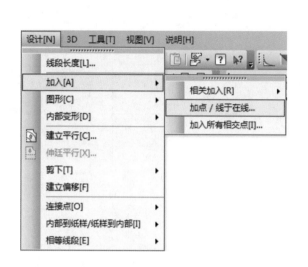

图6-1-18　选择"加点/线于在线..."

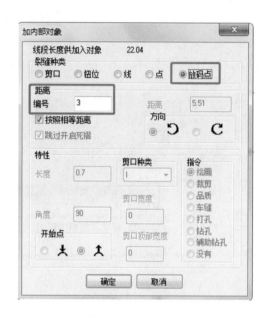

图6-1-19　设置等分点

注： 因为"加点/线于在线..."只能在轮廓线上使用，所以先将线段交换为轮廓线，才能进行操作。

（2）点击◇【菱形】工具，在纸样内部任意处画出菱形图，并选中，鼠标左键点击图形右下角虚线处交点，出现"比例"对话框，输入相应的数值，如图 6-1-20 所示。

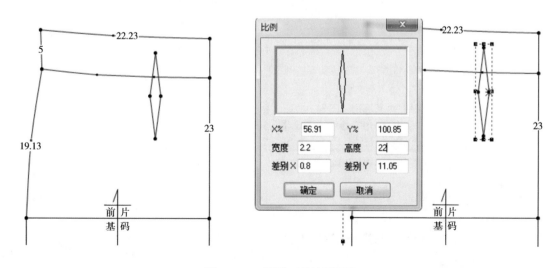

图6-1-20　菱形工具绘制腰省

（3）点击【移动及复制内部】工具，选中菱形图拖至下腰口线三分之一点处；接着复制一个菱形图到另一个三分之一点处，如图 6-1-21 所示。

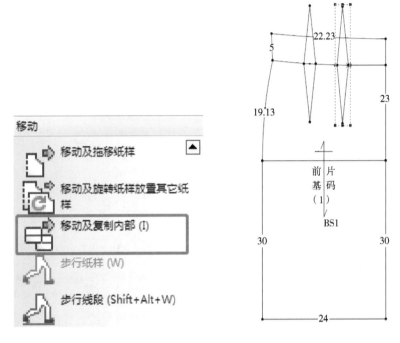

图6-1-21　腰省的处理

（4）点击 ➤【整理内部线】工具，鼠标左键点击腰口轮廓线以外的菱形线段；接着用 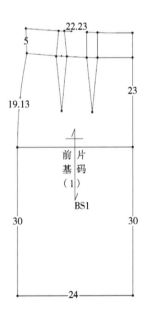【拖拉矩形选择移动内部对象及点】工具，调整菱形图的上口，如图 6-1-22 所示。

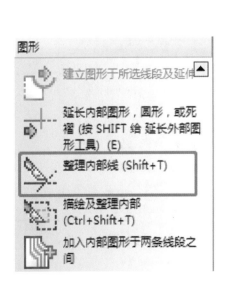

图6-1-22　整理多余线段

（5）整理并作图，点击 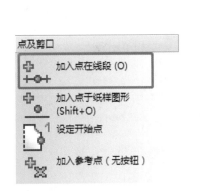【加入点在线段】工具，鼠标左键点击后中线，弹出"点特性"对话框，在对话框输入相应数字，并且将"点种类"下方的"放码"打勾，为放码做准备，如图 6-1-23 所示；点击 【加剪口】工具，在放码点上加入剪口，如图 6-1-24 所示；点击 【加入或编辑内部文字于纸样上】工具，弹出"文字"对话框，输入文字，并在打板界面左侧的"主要部份"对话框调整文字大小及文字的角度位置，如图 6-1-25 所示。

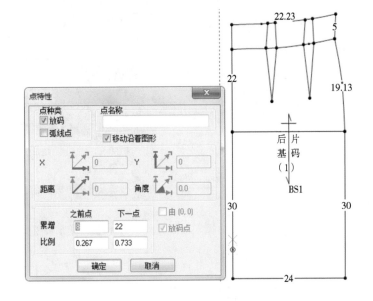

图6-1-23 开衩止点

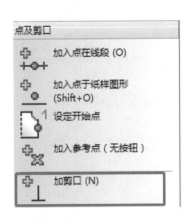

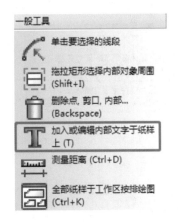

图6-1-24 开衩刀眼

（6）合并省道，点击 【描绘线段至建立新纸样】工具，鼠标左键按逆逆时针或者顺时针点选线段，直到图形闭合出现"完成纸样图形"对话框，点击"是"完成纸样图形，接着用软件默认工具按鼠标左键将图形拖出，如图 6-1-26~ 图 6-1-27 所示。

（7）点击 【连接或（及）合并二片纸样】工具，鼠标点击两个样片后点击"确定"自动合并，如图 6-1-28 所示。

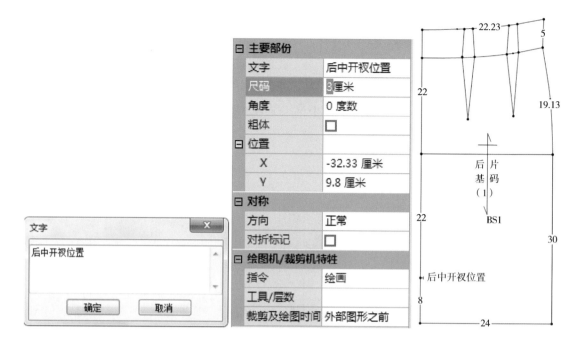

图6-1-25 文字调整

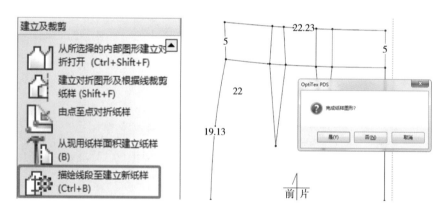

图6-1-26 合并省道步骤1

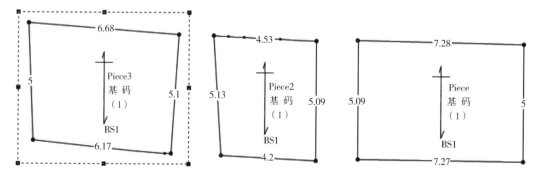

图6-1-27 合并省道步骤2

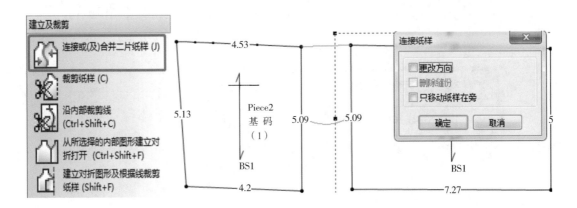

图6-1-28　合并纸样

　　用软件默认工具点击选中两端点的同时，按住【Shift】键全选，再次按住【Ctrl】键依次选取腰下口线段上的点，按下【Delete】键删除，如图 6-1-29 所示。

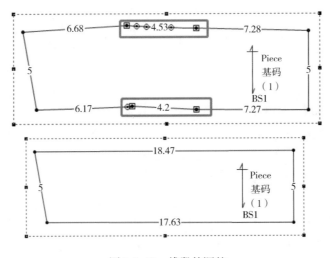

图6-1-29　线段的调整

5. 前片纸样设计及完成缝份

　　点击 ⌂【将纸样设定半片线】工具，鼠标左键点选前中线两端点，对称半片自动打开，如图 6-1-30 所示。

　　点击 ▣【加缝份于线段工具】，鼠标左键顺时针从下摆左侧点点击至腰口中点，弹出"缝份特性"对话框，在缝份宽度输入"1"，生成侧缝和腰口缝份；用同样的方法生成底摆缝份，如图 6-1-31、图 6-1-32 所示。

　　后片缝份操作同前片。缝份完成如图 6-1-33 所示。

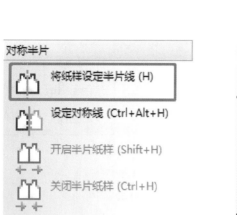

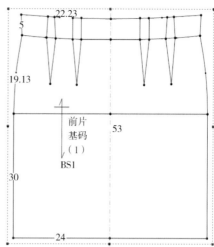

图6-1-30 前片纸样设计

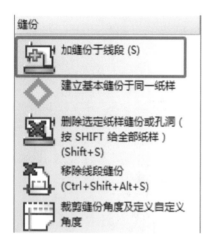

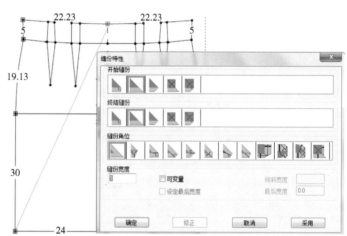

图6-1-31 设置"缝份特性"对话框

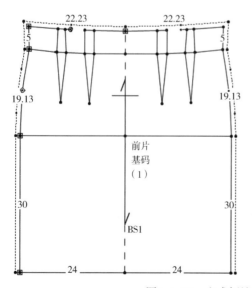

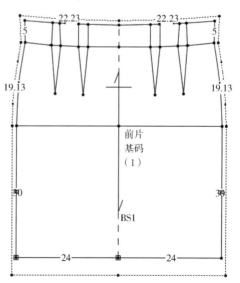

图6-1-32 生成侧缝、腰口和底摆缝份

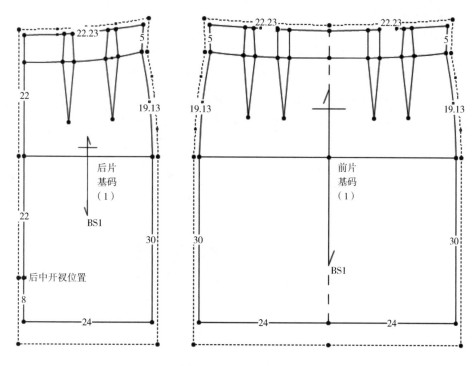

图6-1-33　缝份完成图

二、高腰裙样板放码

（一）放码尺寸设置

点击打板界面放码菜单栏，出现子菜单，点击【尺码表】，在"尺码表"对话框中点击
"插入尺码"，在 M 码上方会自动插入 S 码，点击"附加尺码"，在 M 码下方会自动插入 L 码，
完成后点击"关闭"，如图 6-1-34 所示。

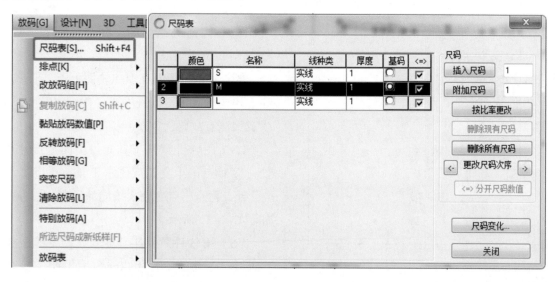

图6-1-34　放码尺寸设置

（二）放码

（1）先切换放码界面，将箭头标志的工具打开，然后开始放码；用软件默认工具点击"1"点，在界面左侧对话框 L 码中输入 DY 数值"–1"，然后按下键盘上的【Enter】键，S 码的 DY 数值自动录入，并且在尺码前面打"√"，如图 6-1-35 所示。

（2）同样用软件默认工具点击点"2"，在 L 码中输入 DX 数值"–1"，DY 数值 –1，如图 6-1-36 所示。

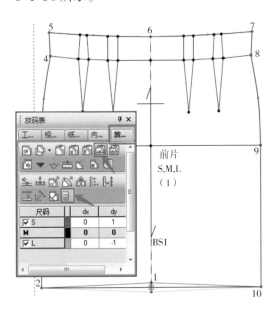

图6-1-35　点亮"黏贴相关""自动相等"

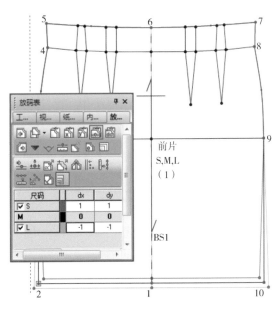

图6-1-36　生成底边放码

（3）用软件默认工具先点击纸样上点"2"，接着点击图中左边箭头指向的【复制放码】工具，然后点击纸样点"3"，最后再点击图中右边箭头指向的【黏贴 X 轴】工具，如图 6-1-37 所示。

（4）用软件默认工具点击图上点"4"处，在 L 码中输入 DX 数值"–1"、DY 数值"0.5"，生成腰侧点放码，如图 6-1-38 所示。

（5）用软件默认工具先点击图上点"4"处，接着点击【复制放码】工具，再点击点"5"处，再点击红色箭头指向的【黏贴】工具，如图 6-1-39 所示。

（6）用软件默认工具先点击点"6"，在 L 码中 DY 数值设为"0.5"，如图 6-1-40 所示。

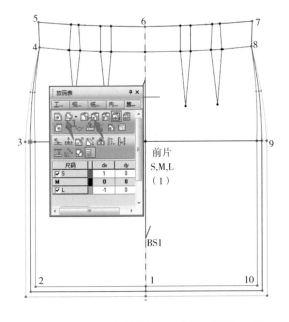

图6-1-37　设置"复制放码""黏贴X放码"工具

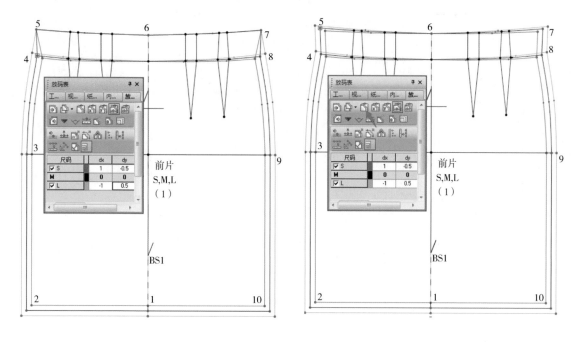

图6-1-38 生成腰侧点放码　　　　　　　　图6-1-39 设置"黏贴放样"

（7）点击箭头所指的【比例放码】工具，出现此图标 ⁂，用图标中箭头1处点击纸样中，如图6-1-41所示的点"5"，红色箭头3处点击纸样中的点"6"，箭头2处点击纸样中省道的各点，完成前后片放码，如图6-1-42所示。

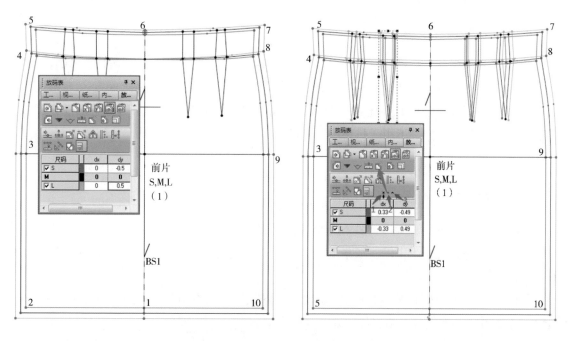

图6-1-40 生成腰口放码　　　　　　　　图6-1-41 复制放码值

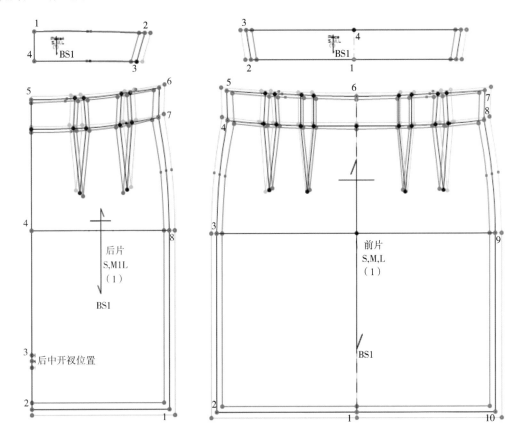

图6-1-42 放码完成图

三、高腰裙样板排料

（一）纸样属性设置

在排料之前将各片纸样的属性设置好，如图 6-1-43 所示，"数量 1"指的是一件衣服；"一对"指的是对称样板，若样板不对称，此处不打勾；"代码"根据款式要求而定；"布料"指的是区分面、里料以及多种面料性质；"反转"的特性指的是由于纸样的不对称特殊性，不能左右翻转，这里勾要去掉；"不用于排料图"指的是某样板不需要进行排料，此处要打勾；"旋转"指的是纸样纱向。

（二）高腰裙排料图制单

（1）打开排板界面，所排款名不能与打板界面同时开启，点击 📂 ，出现"选择款式文件（制单）"对话框，接着点击箭头所指的 ⋯ 打开，选择高腰裙存储的路径打开 PDS 文件，如图 6-1-44 所示。

（2）在排料图制单界面，填入款式名称：高腰裙，接着在箭头指向处下拉箭头选中面料，点击【加入】；其他设置的调整如图 6-1-45 所示。

（3）在"选择款式文件（制单）"对话框，点击箭头所指 1 处，载入同款名包含不同面料属性的 PDS 文件；箭头所指 2 处，是添加不同款名的同种面料，如图 6-1-46 所示；如款式

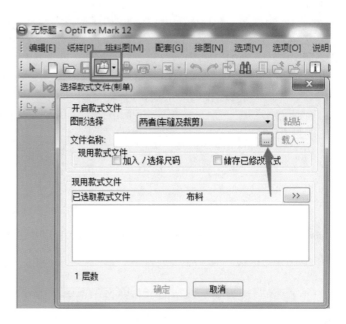

图6-1-43 纸样属性窗口　　　　　　　　　　图6-1-44 设置打板界面窗口及款式导入图标

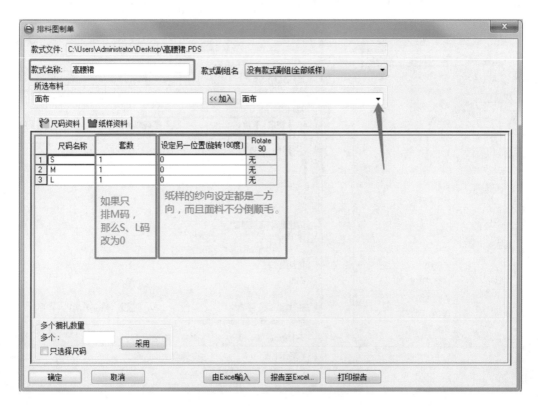

图6-1-45 设置排料图制单窗口

在打板界面中进行过修改，此时可以在选择款式文件（制单）窗口中，鼠标点击所选款式右键，弹出如下 5 项信息，点击【更新所选款式】，排料图中的纸样就同步的进行了更新，如图6-1-47 所示。

图6-1-46　设置"载入"和"⋯"

图6-1-47　设置所选款式的各类编辑

（4）在"排料图"菜单的下拉菜单中点击【定义排料】，弹出"排料图定义"对话框，根据要求修改"排料图面积（厘米）"的宽度，长度统一设定 1000；"层数"根据数量配比修改；红色箭头所指下拉菜单选中"面布"，点击【加入】，如图 6-1-48、图 6-1-49 所示。

图6-1-48　设置"排料图"窗口

图6-1-49　设置面料门幅及面料属性

（5）在"纸样"窗口下拉菜单点击【总体资料】，弹出纸样"特性"对话框，根据面料缩率输入 X、Y 轴的数值，如图 6-1-50 所示。

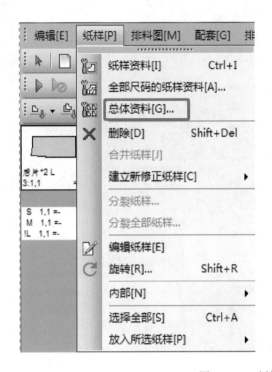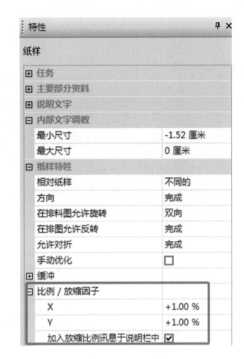

图6-1-50 纸样加放缩率

（6）点击▷【开始自动排图】工具（常用），如图 6-1-51 所示。

注：▷自动排图只用所选纸样（根据特殊需求使用）。
▷继续自动排料图（根据特殊需求使用）。
▷设定自动排料，弹出"自动嵌套"窗口，可以根据款式纸样复杂度设置时间长短。
▷立即排图（常用）。
▷放入所选纸样于排料图（指所选纸样的单片数量）。
▷放入一捆扎（指所选单个尺码的全部纸样）。
▷全部放入（指所选纸样的全部数量）。

四、高腰裙3D虚拟试衣

（一）建立新纸样

▣【描绘线段至建立新纸样】工具，沿着后片轮廓及腰省的内部线，描绘一圈，建立新的后片纸样，并在"纸样属性"中将"一对"勾选，如前图 6-1-43。前片同样方法操作（在操作之前先在前中画一条草图线，因为对折打开不支持描绘线段功能），描绘完成之后进行对折打开，如图 6-1-52、图 6-1-53 所示。

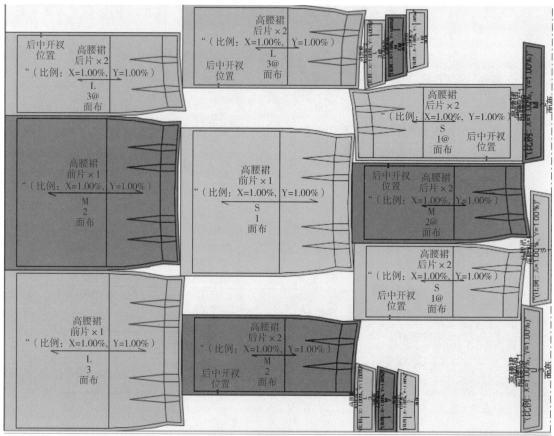

0:01 总数:18 已放纸样:18 效率：75.80% 产量:64.42厘米 宽度140厘米 长度1米 84.07厘米

图6-1-51 生成排料图及用料信息

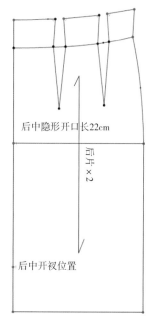

图6-1-52 建立新的后片纸样

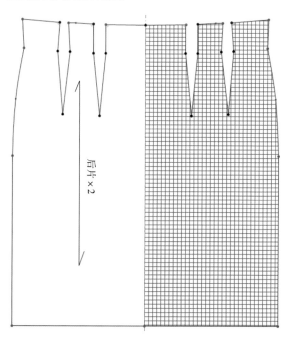

图6-1-53 建立新的前片纸样

（二）人体建模

1. 开启 3D 窗口

点击"视图"下拉菜单的"3D 窗口"打开右侧工具框，把红色框内的 4 个工具依次打开，如图 6-1-54 所示。

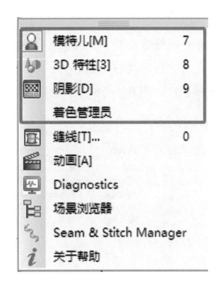

图6-1-54　3D窗口开启

2. 模特尺寸设置

点击 ▨【人体尺寸】工具，弹出"模特儿特性"窗口，先将 Basics 里的 Size［underbust］确定好，再在"Circumferences"里设定人体的维度尺寸，如图 6-1-55~ 图 6-1-57 所示。

图6-1-55 3D工具条

图6-1-56 Size【underbust】基数设定　　　　图6-1-57 人体建模

（三）另存新档

在操作三维界面时，点击 另存新档[A]...，不能直接点击 储存文件[S]，同时将 Include 3D Data 打勾，其作用是在下次打开同一款式的 PDS 文件时，才会显示三维试衣效果，否则只显示二维样板，如图 6-1-58 所示。

图6-1-58 三维保存方法

（四）样片缝合

（1）缝合前将样片相对摆放。然后点击 🔲【3D stitch】工具，进行缝合操作。鼠标左键顺时针点击后片的点"12"至点"15"，接着点击前片的点"2"至点"5"，侧缝缝合完成；鼠标右键点击或点击 🔲 select stitch 检查缝合关系，是否一一对应，如图6-1-59~图6-1-63所示。

（2）依后片结构做对话框勾选设置。后片是左右对称的，在这里只显示半片，点击 🔲 工具，鼠标左键点击点"16"至点"1"，接着拖出鼠标在空白区域双击右键，出现 🔲 工具，点击"后中缝线"，弹出"3D特性对话框"，在反转、对称都打勾，如图6-1-64、图6-1-65所示。

（3）省缝缝合。用 🔲 工具，鼠标左键点击点2至点4，接着点击点4到点6，依次对省缝进行缝合，如图6-1-66所示；前片同样操作，见缝合完成图，如图6-1-67所示。

（五）选择面料

点击"3D特性"窗口，选择面料。面料的选择类型不是很重要，重要看面料成份，尽量选择与成品面料类似的属性，达到更好的逼真性。如果先知面料成份，可以直接输入数值，具体见窗口右侧说明，如图6-1-68所示。

图6-1-59　3D stitch工具

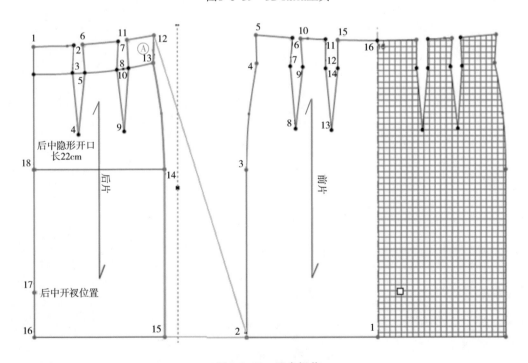

图6-1-60　缝合操作

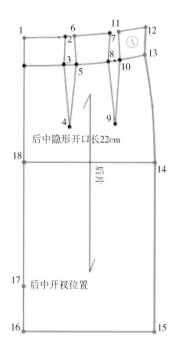
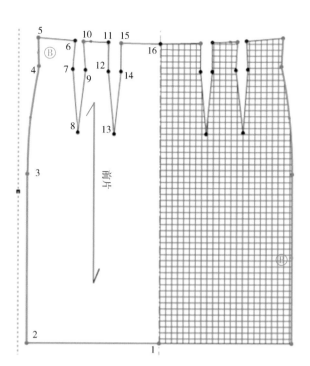

图6-1-61　侧缝缝合完成图

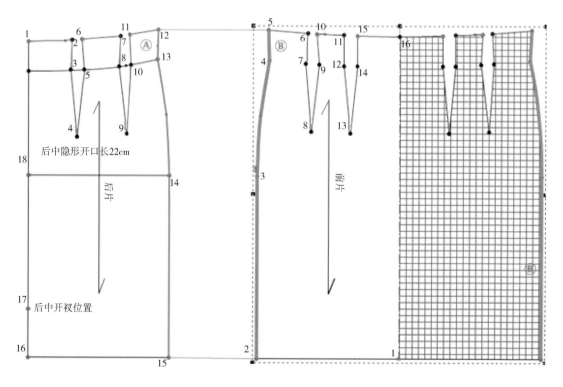

图6-1-62　正确的缝合关系

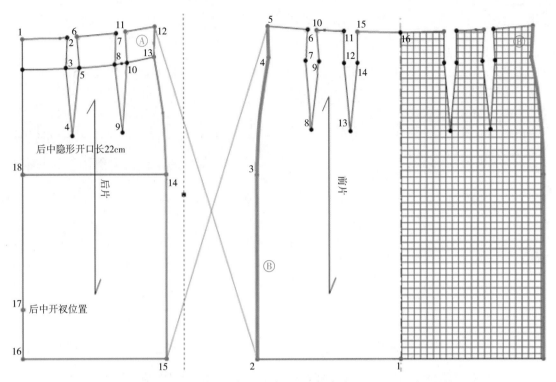

图6-1-63　错误的缝合关系

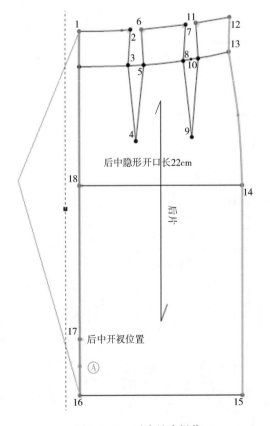

图6-1-64　后中缝合操作

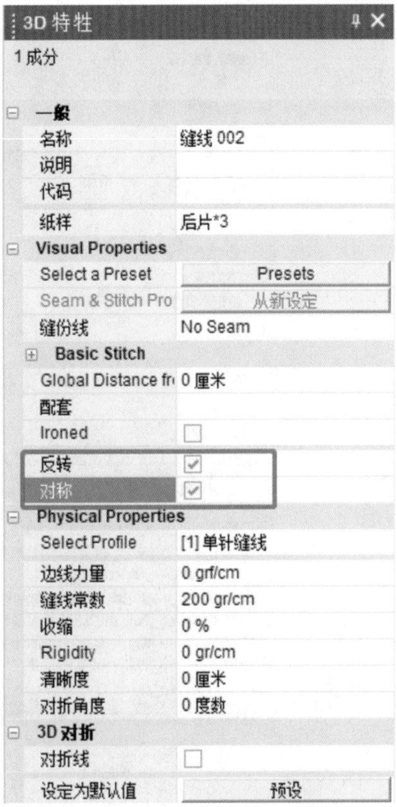

图6-1-65　3D特性对话框

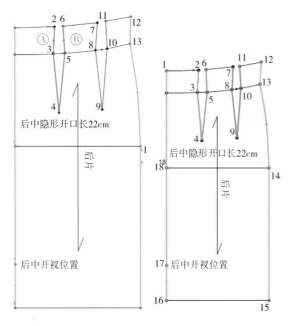

图6-1-66　缝合省缝图　　　　　　　　图6-1-67　缝合完成图

3D 特牲	⇥ ×		3D 特牲	⇥ ×
Piece: 后片			Piece: 后片	
总体			**总体**	
尺码	M *		尺码	M *
显示和锁定			**显示和锁定**	
忽略	☐		忽略	☐
锁定位置	☐		锁定位置	☐
定位			**定位**	
2D 到 3D 方向	同步		2D 到 3D 方向	同步
位置 :	前面		位置 :	前面
形状	平面		形状	平面
百分率	50 %		百分率	50 %
对接 左右/上下	左/右		对接 左右/上下	左/右
对接 外/内	内		对接 外/内	内
恒定不变参数	0 %		恒定不变参数	0 %
层数	1		层数	1
对称	排列		对称	排列
清晰度	1.2 厘米		清晰度	1.2 厘米
组别名称			组别名称	
布料参数			**布料参数**	
布料列表	D:\PGM\Optitex 15\Fabrics\Fa		布料列表	D:\PGM\Optitex 15\Fabrics\Fa
选择布料	未知布料中种类 ∨		选择布料	[OP01] Knit_Interlock (100 ∨
⊞ [OP49] Knit_Jersey Viscose (98%viscose2%el ∧			弯曲度	90; 18 dyn*cm
⊞ [OP50] Knit_Rib Viscose			伸展	62.18; 183.49 grf/cm
[OP51] Non Woven_Felt Cashmere (100%cash			剪切	55 grf/cm
[OP52] Leather_Stretch Plonge			摩擦	0.7
[OP53] Knit_Interlock (94%polyamide6%elasta			厚度	0.1
[OP54] Woven_Twill (89%polyester11%elastan			重量	220 gr/m^2
[OP55] Woven_Crepe(98%viscose2%elastane			收缩	0; 0 %
⊞ [OP56] Woven_Twill (100%Linen)			压力	0 psi
[OP57] Woven_Nylon Taslon stretch (85%nylor			布体积	计算
未知布料中种类 ∨			Puffy	☐
			设定为默认值	预设

图6-1-68　3D窗口选择、设定面料及说明

（六）三维试衣

1. 三维试衣样片设置

将不需要三维试衣的样片框选，并在"3D 特性"对话框中"忽略"打勾。将对需要三维试衣的样片进行设置，先点击后片纸样，在"3D 特性"对话框中的框内设置，如图 6-1-69 所示。

> **注：** 其中位置:指的是纸样的命名。
> 形状：指的是纸样穿在人体上呈立体状态。
> 百分率：指的是纸样穿在人体上的一个包裹度，包裹人体一圈是100%，以此比例推算各样片的百分率。

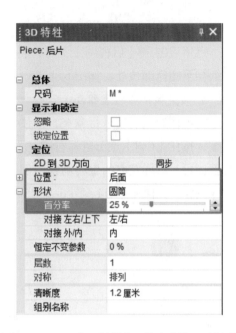

2. 模特对话框，设定衣料位置

然后框选需要进行三维试衣的样片，在"3D 特性"对话框中的 2D 到 3D 方向：点击"同步"；接着在模特对话框中，点击🖼【衣料位置】工具，如图 6-1-70 所示。

图6-1-69　3D窗口纸样的立体穿着设置及说明

3. 3D 移动工具的使用

先点击模特上的样片，接着点击人3D 移动工具，鼠标点击纵向的箭头，不要松开鼠标左键，拖动到人体的相应部位；结束 3D 移动工具，按鼠标右键，如图 6-1-71、图 6-1-72 所示。

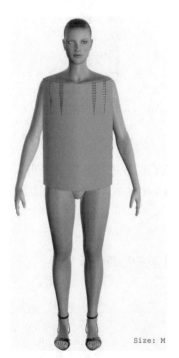

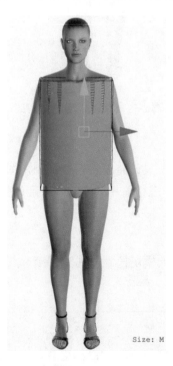

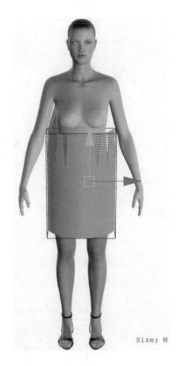

图6-1-70　衣料位置　　　　　　　图6-1-71　3D移动坐标　　　　　　图6-1-72　坐标拖动到相应部位

4. 用后视图工具调整后视效果

点用后击 🔲【后视图】工具，将人模切换到后视图；接着按住【Ctrl】+鼠标左键拖动后片纸样至相应部位处，如图 6-1-73 所示。

5. 调整纸样的包裹程度

对纸样的包裹度进行调整，按住【Ctrl】点击鼠标左键，可对纸样上、下、左、右的移动调整；按住【Ctrl】点击鼠标右键，可对纸样在人体纵深度的调整；按住【Ctrl】点击鼠标左、右键，可对纸样左右的旋转调整；按住【Shift】点击鼠标左、右键，可对纸样上下的旋转调整；完成调整，如图 6-1-74、图 6-1-75 所示。

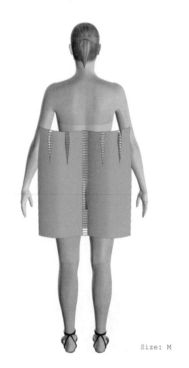

图6-1-73　拖动后片纸样

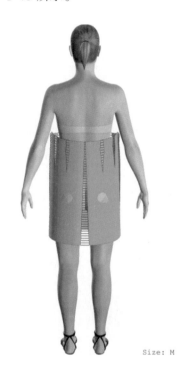

图6-1-74　后视图调整后效果

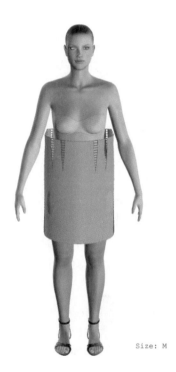

图6-1-75　前视图调整后效果

6. 侧视效果的观察和调整

点击 🔲、🔲【左右侧视图】工具，将模特切换到侧视图；先点击前片纸样，接着点击 🔄【3D 旋转】工具，出现如下坐标，进行前片纸样的倾斜度调整，如图 6-1-76 所示；完成调整，如图 6-1-77 所示。

7. 三维前试穿效果

点击 🔲【前视图】工具，将人模切换到前视图；接着点击 ▶【模拟悬垂性】工具，进行三维试穿，如图 6-1-78 所示。

（七）着色

对面料加纹理，点击"着色管理员"窗口，接着点击 Variant1 对面料加纹理（在这之前

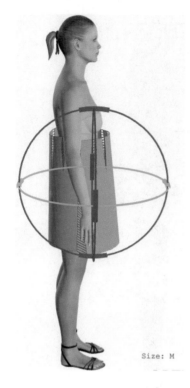

图6-1-76 3D旋转坐标

图6-1-77 完成侧视图调整

图6-1-78三维试穿效果

先把 此工具关掉），再双击纸样右侧框的白色区域，跳转到阴影窗口，点击 【加入层数】
工具，打开面料图片库，选择需要的图片打开，在阴影窗口下的"角度""偏移""比例"都
是对图案的调整，如图 6-1-79~ 图 6-1-81 所示区域内框。

注：在"比例"下方的"锁住"打勾，是对X、Y轴的同比例缩放；如想对X、Y轴的不同
比例缩放，要将打勾去掉，填入X、Y轴的相应数值。

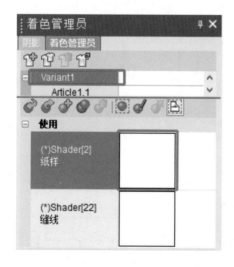

图6-1-79 Variant1对面料加纹理对话框

图6-1-80 加入层数工具

图6-1-81　图案的调整

（八）加钮扣和拉链头

1. 加钮位

点击 ⊞【加入钮位（打孔）】工具，鼠标左键点击后中腰口转角点上，加入钮位，如图6-1-82、图6-1-83所示。

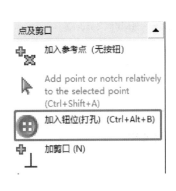

图6-1-82　加入钮位（打孔）

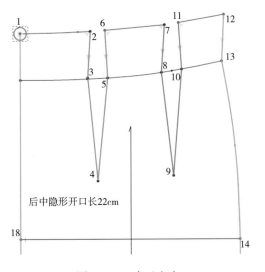

图6-1-83　加入钮扣

2. 中钮扣

点击 ⊞【3D Stitch】工具，接着点击"钮扣"，拖动鼠标在空白处右击两下，转换成此 ⊞【Select Stitch】工具图标，接着点击钮扣，弹出"3D 特性"对话框，再点击"钮位的形状"下拉菜单，选择隐形拉链头，如图 6-1-84 所示。

3. 加拉链头

点击 ⬇ 工具，在二维纸样上的更改会同步到三维试衣上，如图 6-1-85 所示为完成后中隐形拉链头效果。

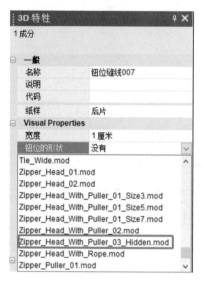

图6-1-84 "钮位的形状"菜单

图6-1-85 完成后中隐形拉链头

五、高腰裙的出图效果

点击 【Save Image】工具，弹出"Save Image"对话框，如图 6-1-86 所示；出图效果如图 6-1-87 所示。

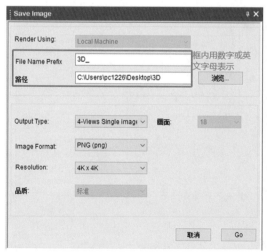

图6-1-86 Save Image设定

图6-1-87 出图效果

第二节　喇叭裤实例

一、喇叭裤结构设计

（一）成品规格尺寸表（表6-2-1）

表6-2-1　成品规格尺寸表　　　　　　　　　　　　　　单位：cm

部位	腰围	臀围	上裆长	下裆长	脚口
尺寸	72	96	25	75	56

（二）款式图（图6-2-1）

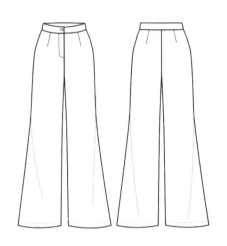

图6-2-1　平面款式图

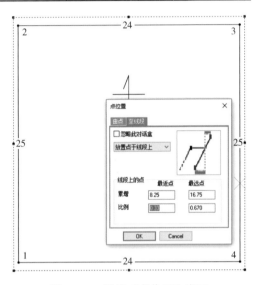

图6-2-2　设置"点位置"窗口

（三）作图步骤

（1）点击 【草图纸样或内部图形】工具，鼠标左键点击轮廓线，弹出"点位置"窗口，在线段上的点输入三等分比例0.33，如图6-2-2、图6-2-3所示。

（2）点击 【所选线段建立内部平行图形】工具，鼠标左键点击点"7"到点"1"，弹出"建立并行线段"对话框，距离输入 –75，如图6-2-4、图6-2-5所示；生成内裆长度；之后再进行线段交换，如图6-2-6所示。

（3）点击 【移动及复制内部】工具，鼠标左键点击丝缕线放置任一处，如图6-2-7、图6-2-8所示。此工具用于纸样内部线。

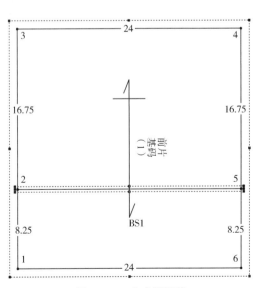

图6-2-3　生成臀围线

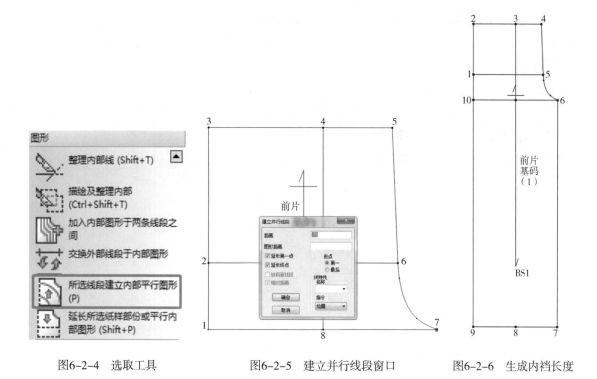

图6-2-4　选取工具　　　　图6-2-5　建立并行线段窗口　　　　图6-2-6　生成内裆长度

图6-2-7　移动及复制内部　　　　图6-2-8　纸样内部线的移动

（4）点击 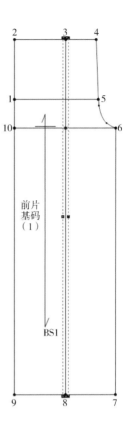 【描绘及整理内部】工具，接着鼠标左键点击纸样内部的裤中线，再接着点击脚口线，裤中线将延长至脚口，如图6-2-9、图6-2-10所示。

（5）在纸样的点3处是放码点，不便于腰口尺寸的计算，鼠标左键双击点3，弹出"内部属性"对话框，在"主要部分"的"放码"处，把"√"去掉，生成腰口的总尺寸，如图6-2-11、图6-2-12所示。

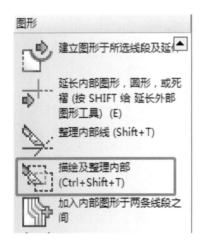

图6-2-9　描绘及整理内部

图6-2-10　生成裤中线延长至脚口

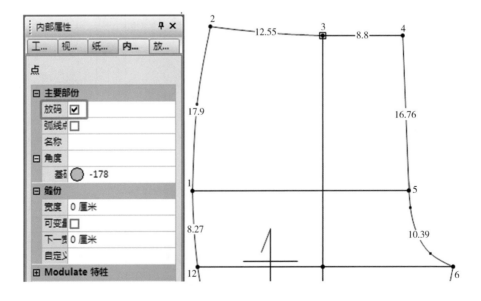

图6-2-11　设置内部属性对话框

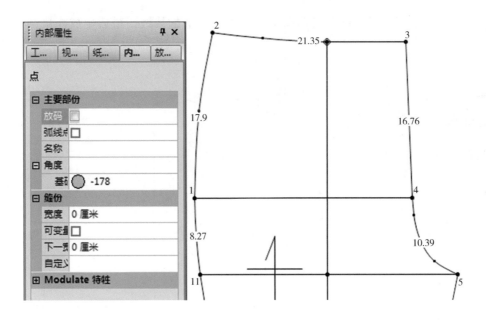

图6-2-12　　生成腰口总尺寸

（6）在纸样中的腰口尺寸计算出褶裥大小。接着用 ⚙【加入点在线段】工具，在腰口线段上取 1/2 点，弹出"点特性"窗口，在点种类处放码打勾；接下来做死褶，点击 ▽【建立死褶或移褶】工具，鼠标左键点击纸样腰口 1/2 点处的两边平分死褶大小。接着往下拖动鼠标在空白处点击鼠标左键，生成死褶的操作过程，如图 6-2-13 所示。

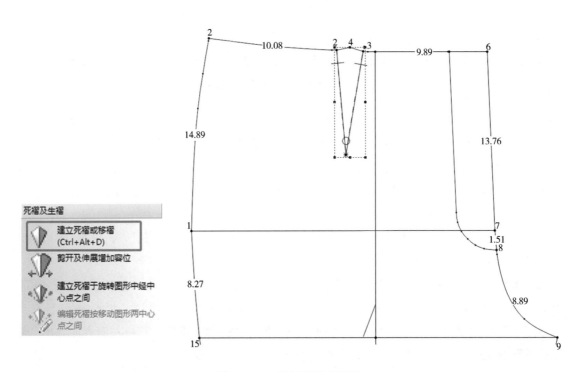

图6-2-13　　建立死褶或移褶

在弹出的死褶"内部属性"对话框，进行相关数值的修改，最后生成死褶图形，如图6-2-14所示。

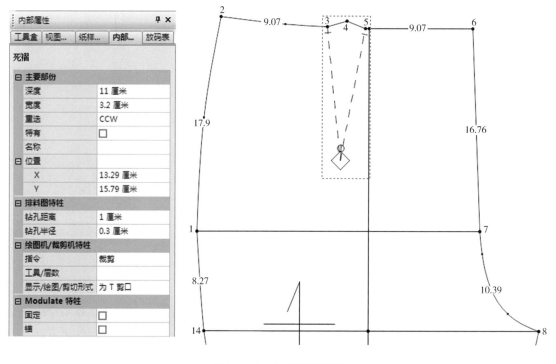

图6-2-14　生成死褶图形

> 注：死褶"内部属性"对话框，主要修改三个参数，"深度"、"重迭"和"显示/绘图/剪切形式"；深度指的是死褶的长度；重迭指的是死褶的倒向；"显示/绘图/剪切形式"指的是在死褶开口处打上剪口；排料图特性可以根据需求修改。

（7）用软件默认工具鼠标左键点击纸样中点6到点7，接着点击【纸样】菜单，下拉点击【辅助线】，如图6-2-15所示，生成辅助线；接着按下键盘上的【Enter】键，弹出"辅助线性质"对话框，由线距离输入数值"-3"；门襟高度位置用同样方法操作；接着用 ♦【草图纸样或内部图形】工具，按辅助线绘制门襟图形，如图6-2-16所示；鼠标左键点击辅助线，接着按【Delete】键清除。

（8）点击 ╰【圆角】工具，按下鼠标左键点击内侧角，弹出"圆角"对话框，半径输入数值"3"，生成门襟圆角，如图6-2-17所示。

（9）绘制后片可以复制一个前片进行修改或同前片的方法操作，现以复制前片修改为例。首先鼠标点击前片，【Ctrl】+【C】，【Ctrl】+【V】，接着鼠标点击纸样，再点击 ▲▲ 反转纸样水平，纸样自动翻转，如图6-2-18所示；最后鼠标左键双击纸样，打板左侧界面弹出"纸样属性"对话框，更改名称为后片；删除纸样上的门襟和死褶。

（10）用 ♦【草图纸样或内部图形】工具，生成困势线，如图6-2-19所示。

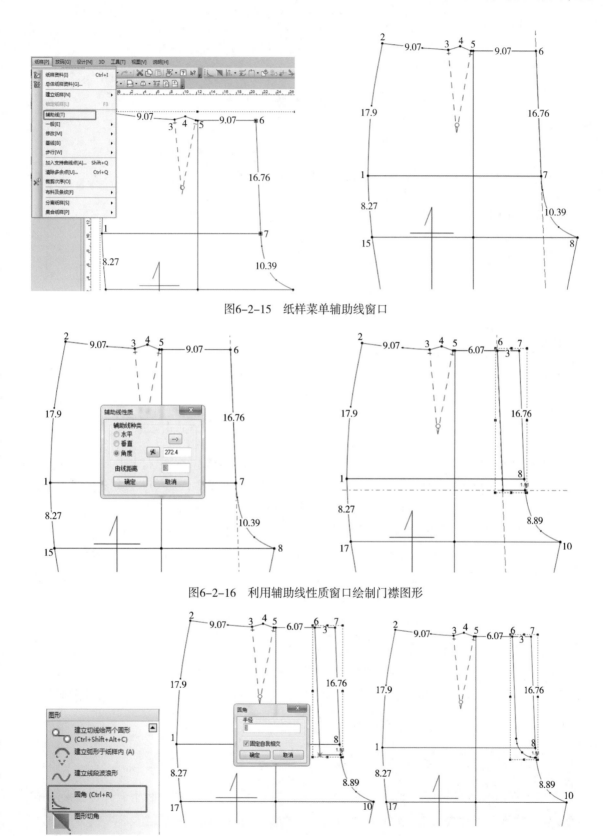

图6-2-15　纸样菜单辅助线窗口

图6-2-16　利用辅助线性质窗口绘制门襟图形

图6-2-17　门襟圆角的生成

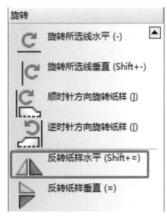

图6-2-18　反转纸样水平

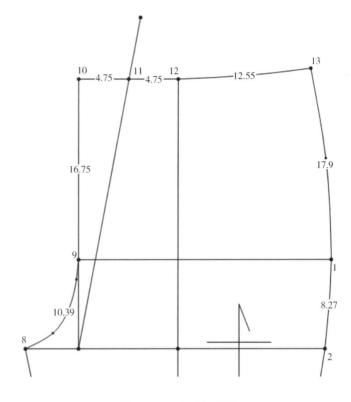

图6-2-19　生成困势线

（11）使用【拖拉矩形选择移动内部对象及点】工具、【移动点】工具和【辅助线对纸样的困势】、【内侧缝及外侧缝线的走势】进行调整；使用【加入点在线段】和【建立死褶或移褶】工具进行腰口省道的绘制，生成后片纸样，如图6-2-20所示。

（12）用【所选线段建立内部平行图形】工具生成腰座高，如图6-2-21所示。

（13）在腰座高分割线下用【草图】工具依死褶形状勾勒，如图6-2-22矩形框中所示。

（14）点击【沿内部裁剪线】工具，鼠标左键分别点击前、后纸样的腰座下口线，接着鼠标左键点击腰座拖拉出去，如图6-2-23所示。

（15）鼠标左键点击死褶的"褶尖"，使死褶处于被选中状态，接着点击关闭所选死褶，前片同样操作；最后鼠标左键点击死褶的褶尖，按【Delete】键删除，如图6-2-24所示。

（16）点击【建立弧形于纸样内】工具，鼠标左键顺时针点击纸样点2至点4，同时弹出"移动点"对话框，无须修改数值，点击"确定"；纸样点4至点1同样操作调整弧线，生成腰座上下口弧线；前片同样操作，如图6-2-25所示。

注：使用此工具时按住键盘上【Shift】键可以使生成的弧线左右不对称。

（17）点击【旋转所选线垂直】工具，鼠标左键点击腰座的中心线垂直补正；接着用【将纸样设定半片线】工具将腰座对称打开，如图6-2-26所示；用设定基线方向重新设定；如果弧线不顺畅就进行微调，生成腰座纸样。

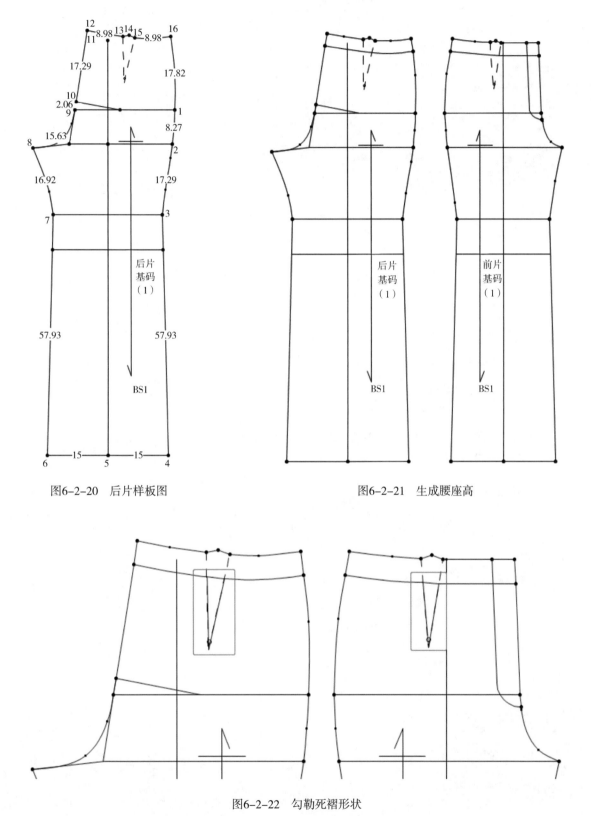

图6-2-20 后片样板图

图6-2-21 生成腰座高

图6-2-22 勾勒死褶形状

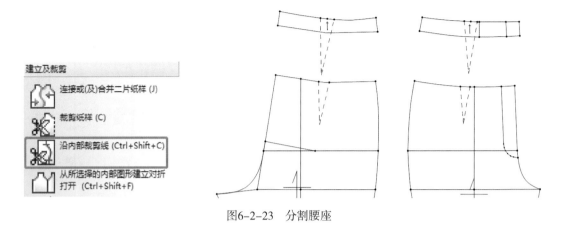

图6-2-23　分割腰座

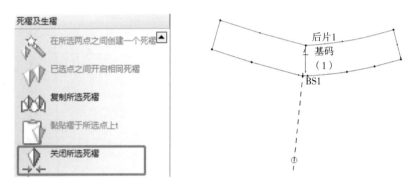

图6-2-24　关闭死褶处理无省道腰座

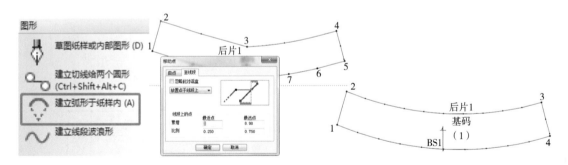

图6-2-25　利用弧形工具生成腰座上下口弧线

图6-2-26　生成腰座纸样

（18）用 ▽【建立死褶或移褶】工具依照草图省道大小绘制出省道，如图 6-2-27 所示。

（19）选取 🐭【从现用纸样面积建立纸样】工具，用鼠标左键点击门襟框图形内的空白处，出现建立纸样第一步，如图 6-2-28 所示；接着鼠标左键在原处点击第二次，生成门襟样板，如图 6-2-29 所示；最后按默认键，用鼠标拖出门襟样板。

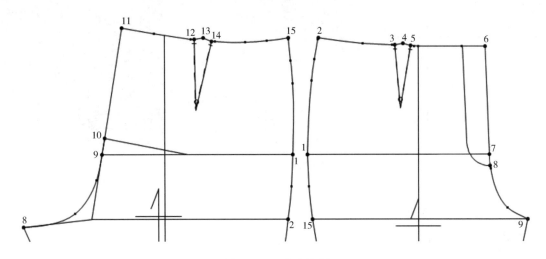

图6-2-27 省道绘制

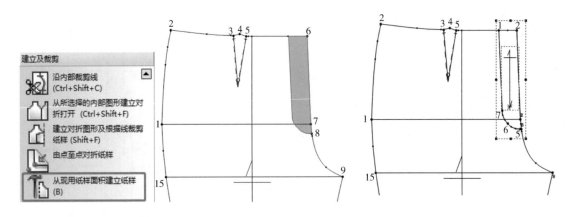

图6-2-28 用建立纸样建立门襟纸样第一步 　　　图6-2-29 生成建立纸样

（20）选中门襟纸样，点击 ◣�"◣【反转纸样水平】工具，鼠标左键双击门襟纸样，弹出"纸样属性"对话框，将反转处的"√"去掉，生成不对称纸样，如图 6-2-30 所示。

二、喇叭裤样板放码

用鼠标左键点击腰座纸样上的 2 点处，接着点击 ◇【角度】工具，将图中箭头所指方向的黑色三角按钮打开，点击之前点和下一点调整长、短轴的方向，短轴（指的是 DX 方向），长轴（指的是 DY 方向），然后输入放码值，生成喇叭裤前后片放码图，如图 6-2-31~图 6-2-34 所示。

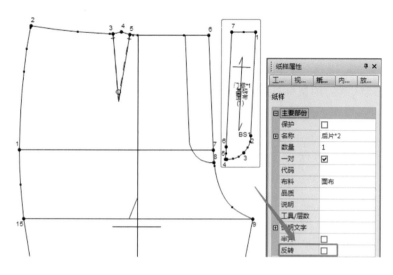

图6-2-30　生成不对称纸样

图6-2-31　角度

图6-2-32　点击之前点和下一点调整长、短轴的方向

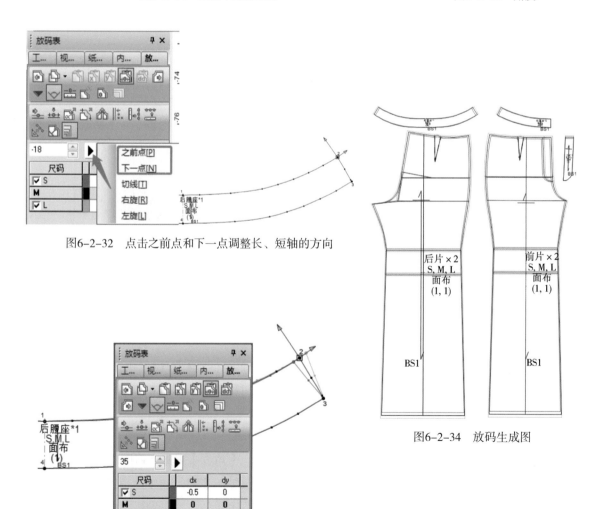

图6-2-34　放码生成图

图6-2-33　输入放码值

三、喇叭裤样板排料

同高腰裙排料步骤，喇叭裤排料生成图如下，如图 6-2-35 所示。

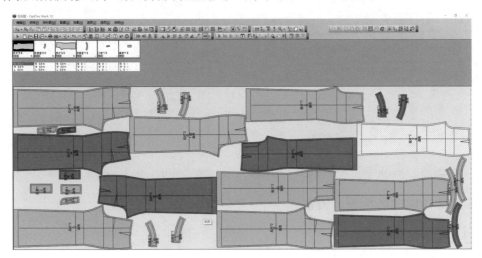

图6-2-35 喇叭裤排料生成图

四、喇叭裤3D虚拟试衣

（一）人体建模

点击 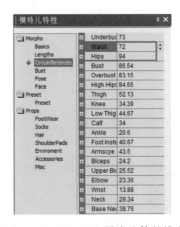【人体尺寸】工具，弹出"模特儿特性"窗口，先将 Basics 里的 Size【underbust】确定好，接着在 Circumferences 中设定人体的维度尺寸，如图 6-2-36 所示；在 Lengths 设定人体的长度尺寸，如图 6-2-37~ 图 6-2-39 所示；在 Foot Wear 中设定高跟鞋的高度，点击鼠标左右移动，如图 6-2-40 所示。

图6-2-36 3D工具条

图6-2-37 Size【underbust】基数设定　　　图6-2-38 circumferences设定人体的维度尺寸

图6-2-39 Lengths设定人体的长度尺寸　　图6-2-40 Foot Wear设定高跟鞋的高度

（二）缝合前准备检查、设置

1. 样片的摆放和检查缝合关系

缝合前将样片相对摆放，如图 6-2-41 所示。然后点击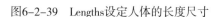【3D stitch】工具，进行缝合操作。点击鼠标右键或点击【select stitch】工具检查缝合关系是否一一对应，如图 6-2-42 所示。

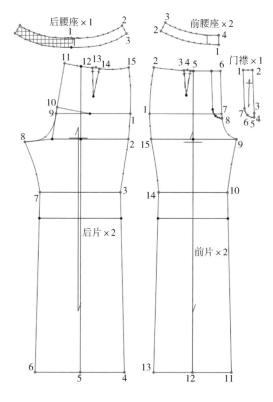

图6-2-41 样片相对摆放

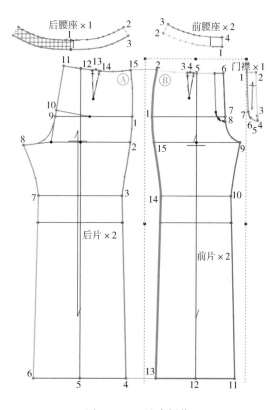

图6-2-42 缝合操作

2. 窿门缝合对称操作

前、后片窿门弧线以及前中腰座线是左右对称的，在这里只显示半片，点击工具，鼠标左键分别点击前、后片窿门弧线以及前中腰座线，接着拖住鼠标在空白区域双击右键，出现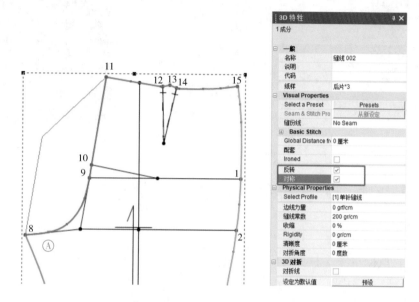工具标志，分别点击前、后片窿门弧线以及前中腰座线，弹出"3D 特性"对话框，将"反转""对称"都打勾。

　　以后窿门缝合操作为例，点击纸样点"3"到点"11"，拖动鼠标至空白处，双击右键，弹出"3D 特性"对话框，在"反转""对称"后都点击打勾，如图 6-2-43 所示。

图6-2-43　后窿门缝合对称操作

3.选择线迹

　　将门襟线段上的放码点改成非放码点属性，再用【3D stitch】工具点击门襟内部线，拖动鼠标至空白处，点击鼠标右键两次，出现【select stitch】工具标志，接着左键点击门襟线段，点击 Seam&Stitch Manager 进入，弹出 "Seam&Stitch Manager" 对话框，选择 "Double Needle1"，弹出设定"线迹长度、间距等"的对话框，点击"采用"，最后点击工具更新试衣效果，如图 6-2-44~ 图 6-2-46 所示。

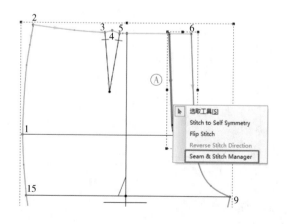

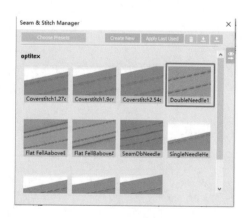

图6-2-44　选择线迹

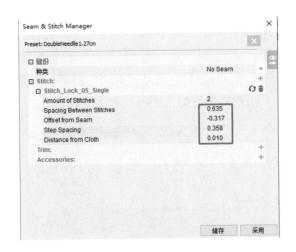

图6-2-45　线迹属性设定　　　　　　　图6-2-46　更新试衣效果

注：使腰口效果更佳，我们可以给腰口加根缝线，但不做任何处理。

（三）缝合

用工具，鼠标左键点击点"11"至点"15"，接着点击点"3"到点"4"，对腰线进行缝合，前片同样操作，缝合完成图，如图 6-2-47 所示。

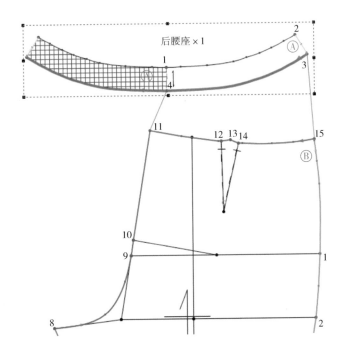

图6-2-47　腰座缝合

（四）选择面料

在"3D 特性"窗口，选择面料，方法同高腰裙。

（五）三维试衣

1. 纸样设置

将不需要的门、里襟纸样框选，并在"3D 特性"对话框中"忽略"打勾。将需要三维试衣的各纸样进行位置、形状的设置方法同高腰裙。然后框选需要进行三维试衣的样片，在"3D 特性"对话框中的 2D 到 3D 方向，点击"同步"；接着在"模特儿"对话框中，点击🖼【衣料位置】工具。人模的移动、纸样的摆放和鼠标的操作，方法同高腰裙，如图 6-2-48 所示。

2. 试衣

点击🔄【前视图】工具，将人模切换到前视图；接着点击▶【模拟悬垂性】工具，进行三维试穿，如图 6-2-49 所示。

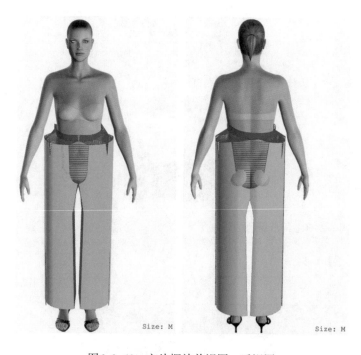

图6-2-48　衣片摆放前视图、后视图

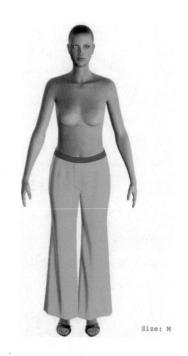

图6-2-49　三维试穿图

3. 添加面料纹理

方法同高腰裙。

4. 缝线的颜色添加

先点击 Article1.1，再点击二维界面前片纸样上的门襟内部线，此时在"着色管理员"窗口的下方会出现缝线框是蓝色的，再对此框的右侧空白框双击，跳转到"阴影"窗口，对缝线进行颜色的添加，如图 6-2-50 所示。

5. 存储

点击🖼【Save Image】工具，设定方法同高腰裙。

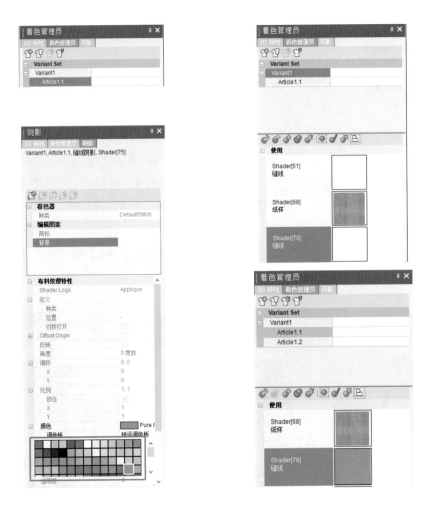

图6-2-50　缝线颜色的修改

五、喇叭裤效果图（图6-2-51）

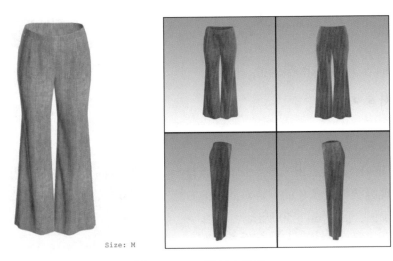

图6-2-51　三维试衣效果

第三节 泡泡袖女西服实例

一、泡泡袖女西服结构设计

（一）成品规格尺寸表（表6-3-1）

表6-3-1 成品规格尺寸表 　　　　　　　　　　单位：cm

部位	后中衣长	胸围	腰围	肩宽	袖长	袖肥	袖口
尺寸	60	98	79	38	58	34	24

（二）款式图（图6-3-1）

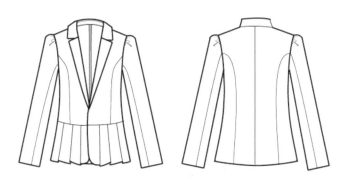

图6-3-1 平面款式图

（三）作图步骤

1. 生成肩线图

在纸样内部画出各部位的辅助线，点击 ⌇【旋转纸样】工具，制作肩斜，鼠标左键点击纸样中点"5"，接着点击点"6"，再接着在空白处点击一下，再次点击点"6"向下拖动鼠标，弹出"内部角度旋转"对话框，输入角度数值"18"，用辅助线做好肩宽距离，点击 ⊹【沿着图形移动点】工具，生成肩线图，如图6-3-2~图6-3-5所示。

2. 调整袖窿弧线及后中线

用 ⊶【移动点】工具调整袖窿弧线的顺势；用 ⊞【拖拉矩形旋转移动内部对象及点】工具调整后中线，如图6-3-6所示。

3. 完成侧缝线调整图，调底边弧线

点击 ⥮【移动一连串点】工具，鼠标左键点击点"7"至点"8"，接着点击点"8"向外拖动鼠标，弹出"移动点"

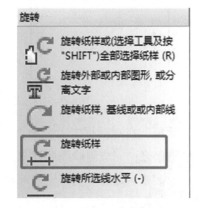

图6-3-2 旋转纸样

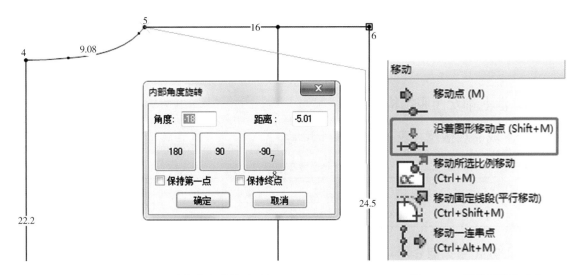

图6-3-3　内部角度旋转对话框　　　　　　图6-3-4　沿着图形移动点

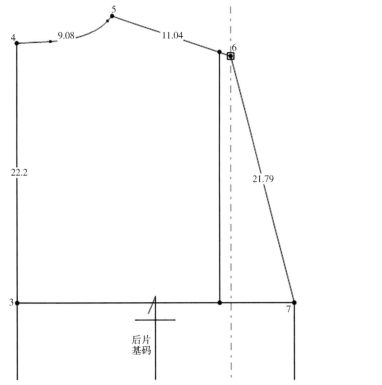

图6-3-5　生成肩线图

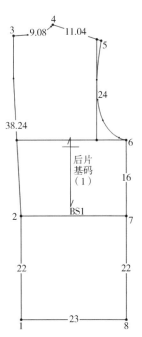

图6-3-6　调整袖窿弧线及后中线

对话框，在对话框内对应的点"7"和点"8"的 DX 和 DY 轴输入相应数值，如图红色方框所选区域；完成侧缝线调整图，并调整底边弧线，如图 6-3-7~ 图 6-3-9 所示。

4. 添加造型分割线完成纸样

用 ➕【加入点在线段】工具【辅助线】和 ➕【移动点】工具绘制造型线，完成造型线纸样，如图 6-3-10 所示。

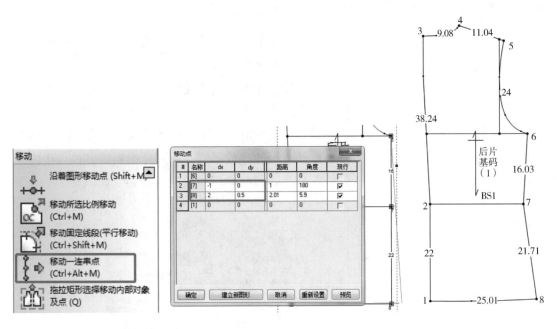

图6-3-7　移动一连串点　　　　图6-3-8　移动点对话框　　　　图6-3-9　调整侧缝线和底边弧线

5. 前片的肩线、袖窿和侧缝

操作工具同后片。点击 【建立死褶或移褶】工具，鼠标左键点击点 "3" 到点 "4"，接着按住【Shift】键同时拖动鼠标至 BP 点，点击 "确定"，生成不对称省线，如图 6-3-11 所示；接着在界面左侧死褶对话框，点击红色箭头所指方向【固定】，弹出 "固定死褶" 对话框，点击整理第二边线段，生成对称省线，如图 6-3-12、图 6-3-13 所示。

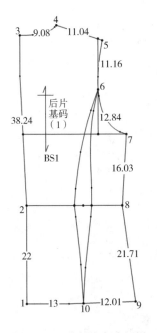

图6-3-10　分割线完成纸样

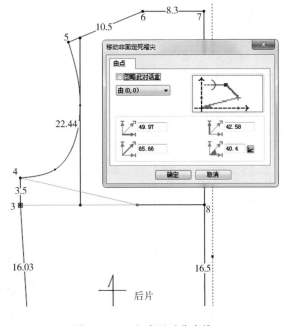

图6-3-11　生成不对称省线

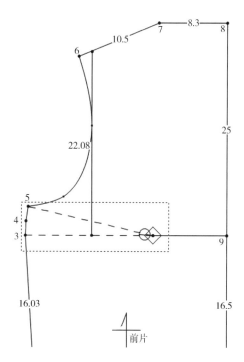

图6-3-12　生成对称省线

6. 完成绘制

绘制造型线工具同后片，完成图如图6-3-14所示。

7. 绘制前中叠门

用 📎【所选线段建立内部平行图形】工具，点击点"9"到点"11"弹出"建立并行线段"对话框，输入距离数值"-2"，生成叠门宽度，如图红色框选的两点要改成放码点；用 ⚄【交换外部线段于内部图形】工具将叠门线段进行交换，如图6-3-15~图6-3-17所示。

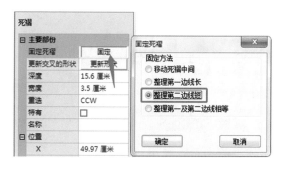

图6-3-13　死褶对话框

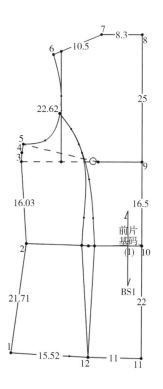

图6-3-14　完成图

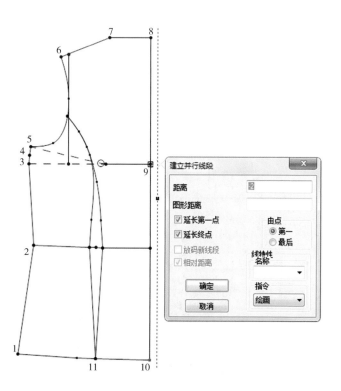

图6-3-15　绘制前中叠门

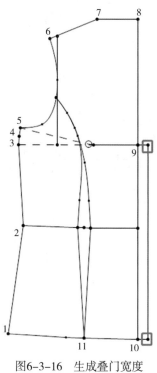

图6-3-16 生成叠门宽度

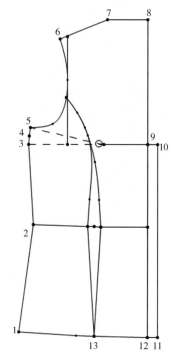

图6-3-17 改成放码点及交换线段

8. 绘制驳口线

用 ✒【草图纸样或内部图形】工具，画出驳口线，如图在弹出的对话框点击【是【完成操作；接着用 ✂【交换外部线段于内部图形】工具点击点"8"到点"12"，点击点"8"到点"12"完成线段交换，然后删除驳口线以外的线段，如图 6-3-18~ 图 6-3-20 所示。

9. 绘制翻驳领造型线

用 ✒【草图纸样或内部图形】工具，绘制翻驳领造型线，如图 6-3-21 所示。

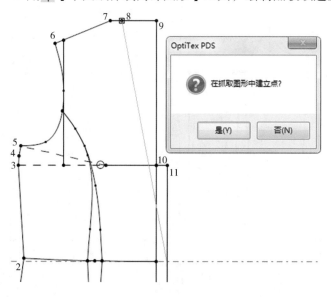

图6-3-18 绘制驳口线

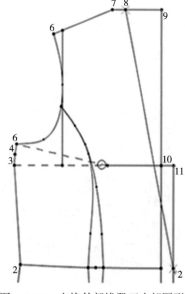

图6-3-19 交换外部线段于内部图形

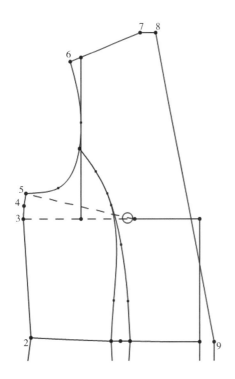

图6-3-20 完成并删除驳口线以外的线段

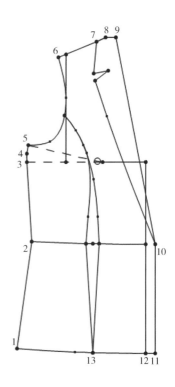

图6-3-21 绘制翻驳领造型线

10.绘制驳口线

点击 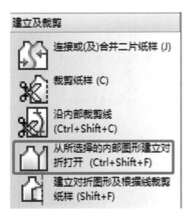【从所选择的内部图形建立对折打开】工具，鼠标左键点击驳口线段，接着点击翻驳领造型线的任一处，生成翻驳领的翻折线；接着用 ✒【草图纸样或内部图形】工具，绘制驳口线，如图6-3-22、图6-2-23所示。

图6-3-22 生成翻驳领的翻转

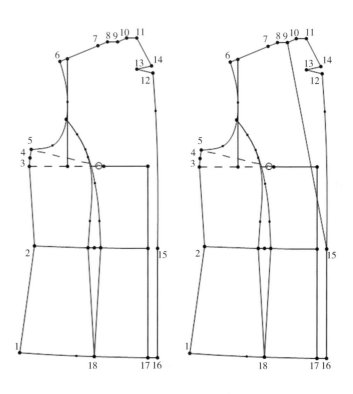

图6-3-23 画出驳口线

11. 生成领片纸样

点击 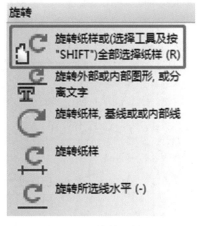 【旋转纸样】工具，如图 6-3-24 所示，鼠标左键点击后领矩形框的点"4"，如图 6-3-25 所示，接着松开鼠标的左键，移动鼠标至后领矩形框到抬高量，如图 6-3-26 所示；用 【草图纸样或内部图形】工具、 【移动点】工具和 【所选线段建立内部平行图形】工具将领子画完整并调整顺畅；用 【描绘线段至建立新纸样】工具将生成领片纸样，如图 6-3-27 所示。点击 【旋转所选线垂直】工具，点击领片纸样的点"1"到点"6"，将领片旋转垂直，如图 6-3-28 所示。

图6-3-24　旋转纸样工具

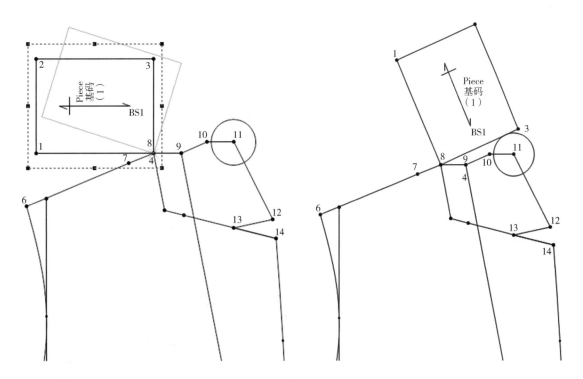

图6-3-25　点击后领矩形框　　　　　　　　　图6-3-26　抬高量绘制

12. 完整纸样领片的绘制

点击 【沿内部裁剪线】工具，鼠标左键点击领座分割线，如图 6-3-29 所示；点击 【建立死褶或移褶】工具，在上、下领片上分别加入死褶，如图 6-3-30 所示；接着鼠标点击选中死褶，如图 6-3-31 所示，点击 【关闭所选死褶】工具，死褶自动闭合，如图 6-3-32、图 6-3-33 所示，其余死褶同样操作。接着用 【草图纸样或内部图形】工具和用 【交换外部线段于内部图形】工具将领子调整至顺畅；接着用 【所选线段建立内部平行图形】

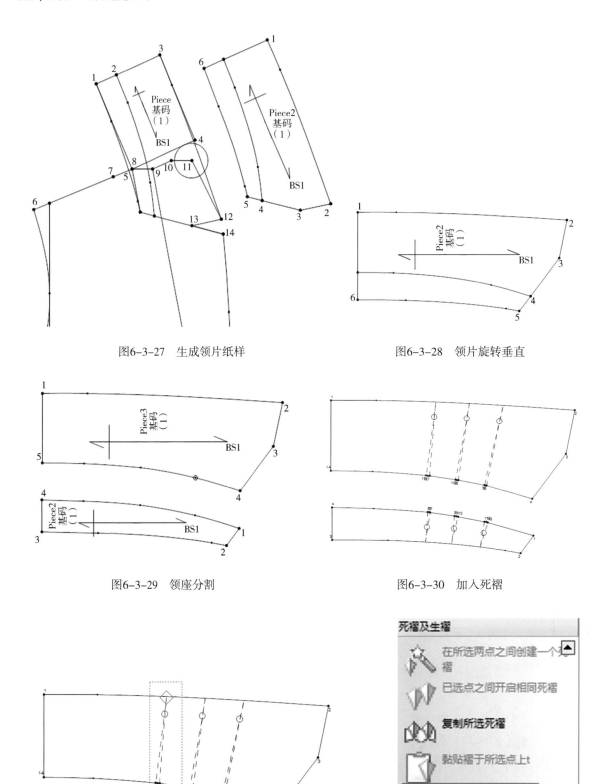

图6-3-27　生成领片纸样

图6-3-28　领片旋转垂直

图6-3-29　领座分割

图6-3-30　加入死褶

图6-3-31　选中死褶

图6-3-32　关闭所选死褶工具

工具，画出翻领线位置（用于 3D 使用）；接着点击 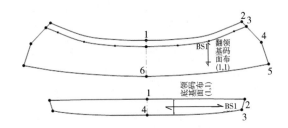【将纸样设定半片线】工具，将纸样对称打开，生成完整的领片纸样，最后点击 二 设定基线方向，将名称编辑完整，如图6-3-34 所示。

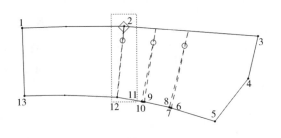

图6-3-33　死褶闭合

图6-3-34　完整的领片纸样

13. 连接形成新纸样

点击 【描绘线段至建立新纸样】工具，从前、后片纸样上分别将各片进行描绘，生成独立纸样；点击 【连接或（及）合并二片纸样】工具，如图 6-3-35 所示，鼠标分别点击两个纸样，弹出"连接纸样"对话框，点击"确定"，纸样自动合并，如图 6-3-36 所示；最后点击 二【设定基线方向】，将名称编辑完整，如图 6-3-37 所示。

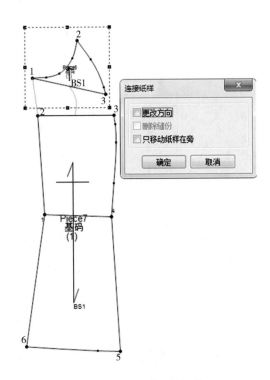

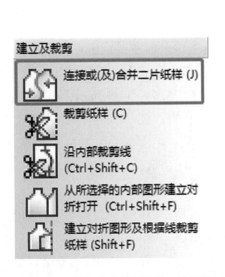

图6-3-35　连接或（及）合并二片纸样

图6-3-36　连接纸样纸样

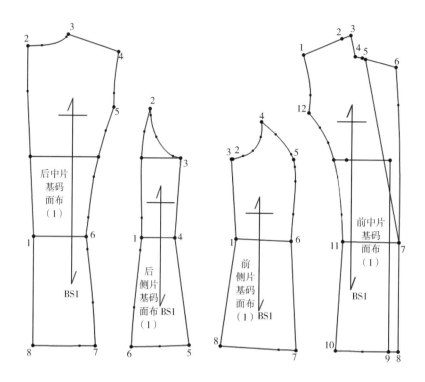

图6-3-37　生成独立纸样

14. 前片纸样合成

用 ![icon]【所选线段建立内部平行图形】工具、![icon]【描绘及整理内部】工具、![icon]【沿内部裁剪线】工具和 ![icon]【连接或（及）合并二片纸样】工具，生成前片的结构纸样，如图6-3-38所示。

15. 生成褶裥

在鼠标默认工具下，鼠标左键点击点"6"到点"1"，接着点击【工具菜单】，下拉点击【生褶】，弹出右侧对话框，点击【建立多样生褶】，如图6-3-39所示，弹出"建立多个生褶"对话框，输入生褶数量"4"，逆时针对折打"√"，深度输入数值"1.5"，见红色方框，如图6-3-40所示；生成多条褶裥，如图6-3-41所示。

16. 纸样圆角的制作

用 ![icon]【移动点】工具先将角度设定偏移量，如图6-3-42所示；点击 ![icon]【圆角】工具，如图6-3-43所示，鼠标点击纸样点"3"，弹出"圆角"对话框，输入数值"2.5"，如图6-3-44所示，生成圆角，如图6-3-45所示；接着用【移动点】工具对圆角进行微调直至圆顺，如图6-3-46所示

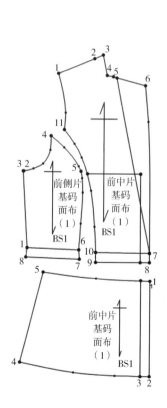

图6-3-38　前片样板完成图

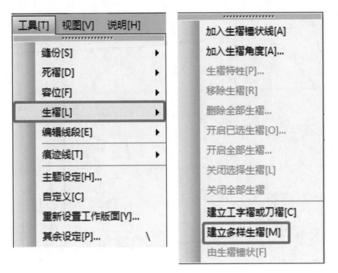

图6-3-39　生褶

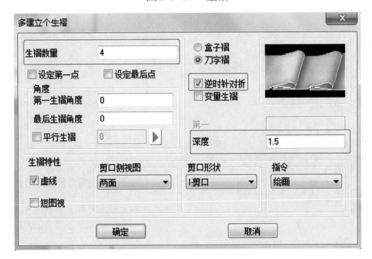

图6-3-40　建立多样生褶

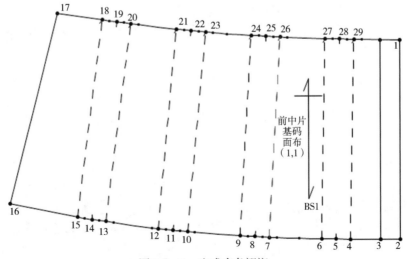

图6-3-41　生成多条褶裥

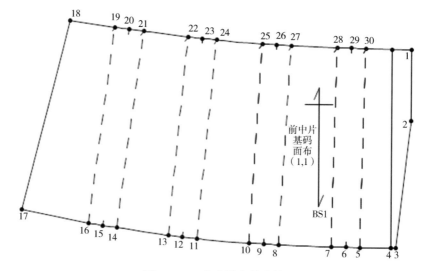

图6-3-42 角度设定偏移量

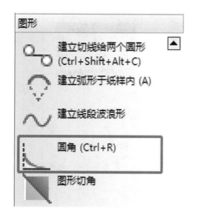

图6-3-43 圆角

图6-3-44 圆角对话框

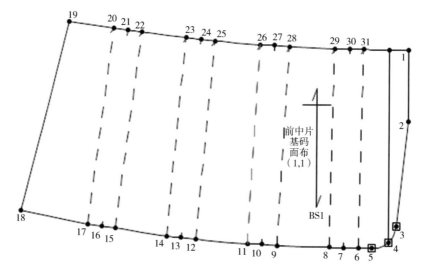

图6-3-45 生成圆角

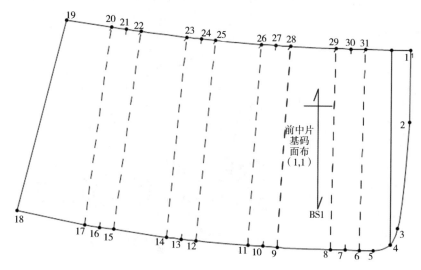

图6-3-46　对圆角进行微调

17. 量取袖窿总弧线长

点击【视图】菜单下拉窗口，点击【比较线段长度】，如图 6-3-47 所示，在打板界面下方弹出"比较长度"对话框，如图 6-3-48 所示；在软件默认工具下点击纸样中点"4"到点"5"，接着在"比较长度"窗口箭头所指方向点击"+"号，然后将顺着图形线点上，此时线段长度显示在基码一栏，如图 6-3-49 所示，随后将袖窿的其余线段同样加入，得出袖窿总弧线长度，如图 6-3-50、图 6-3-51 所示。

18. 袖片、袖山的制作

测得袖窿弧线长度后，可以制作袖片，点击 ⊗【建立内部圆型】工具，如图 6-3-52 所示，得出袖山位置；接着用【拖拉矩形选择移动内部对象】工具，将纸样中点"3"拖拉至袖山位置，如图 6-3-53 所示；接着用【将纸样设定半片线】工具，对称袖片，如图 6-3-54 所示；点击【开启半片纸样】工具，弹出"纸样"对话框，在图示方框内的"保护"处把"√"去掉，如图 6-3-55 所示，纸样显示，如图 6-3-56 所示。

视图[V]	说明[H]	
纸样窗口[P]		1
放码表[G]		2
工具盒[T]		3
款式副组资料[S]		4
比较线段长度[C]		5
纸样表[P]		6
视图及选择[V]		F10
3D 窗口[3]		▶
其它窗口[O]		▶
尺码点[U]	Ctrl+Shift+Num +	
缝份[M]	Ctrl+F6	
条子[E]	Shift+Num +	
网格[D]	Ctrl+Shift+G	
显示辅助线[L]	Ctrl+Shift+Alt+G	
删除全部辅助线	Ctrl+Alt+G	
显示放码控制线		
仅看基本码[H]	F4	
只显示最大、细尺码	Ctrl+Shift+F4	
颜色按照指令[Y]		
视图布料		
View Fabric Options...		
提示资料[B]		
网格和条子		

图6-3-47　视图菜单下拉窗口

图6-3-48　比较长度窗口

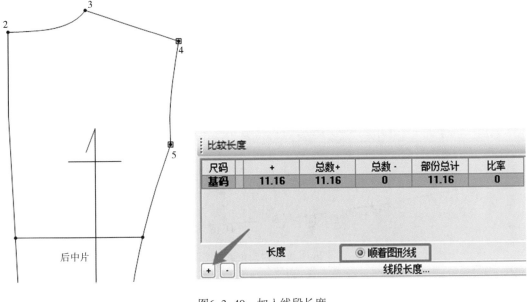

图6-3-49　加入线段长度

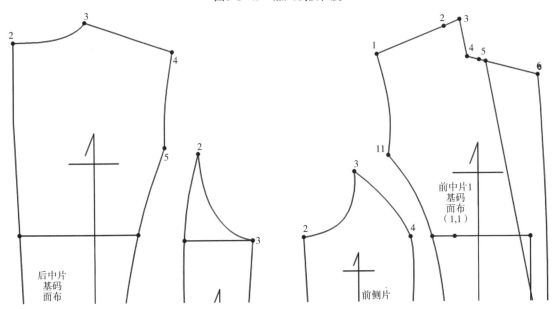

图6-3-50　将袖窿的其余线段同样加入

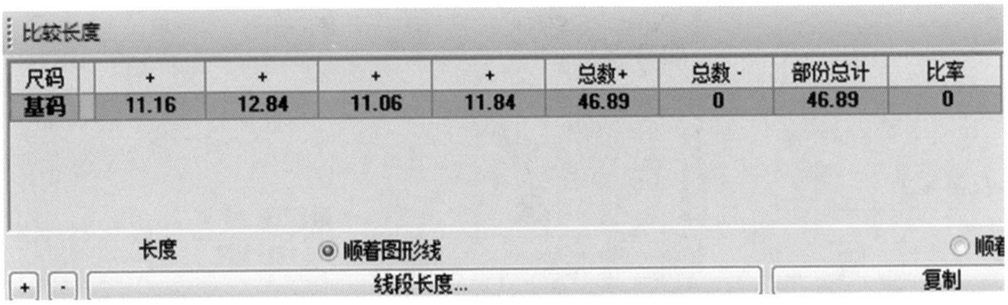

图6-3-51　总弧线长度

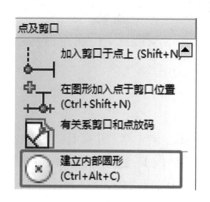

图6-3-52 建立内部圆型

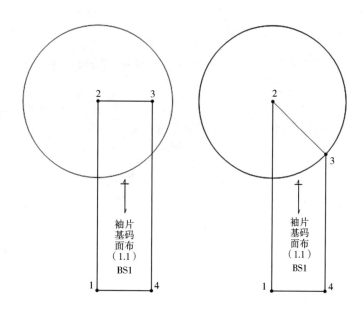

图6-3-53 袖山位置

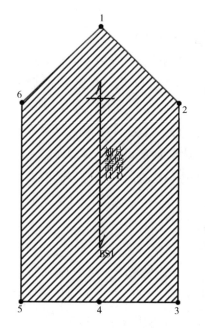

图6-3-54 开启半片纸样

图6-3-55 纸样对话框

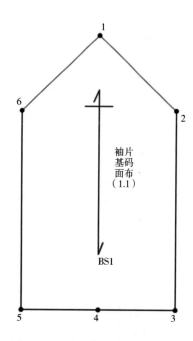

图6-3-56 保护打勾去掉后的显示

19. 分别计算前、后片袖窿长度

在"比较长度"对话框内，继续操作，同样用软件默认工具点击前片袖窿线段，点击图中箭头所指方向的"–"号，此时在"总数+"后面显示"–"号的长度，由此得出"总数–"，此处的"总数–"是前片袖窿总数，"部分总计"是后片袖窿总数，如图6-3-57所示。

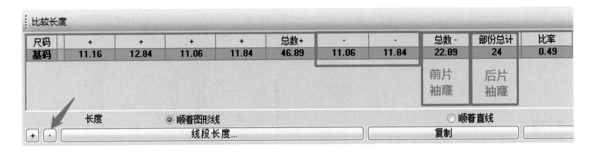

尺码	+	+	+	+	总数+	-	-	总数-	部份总计	比率
基码	11.16	12.84	11.06	11.84	46.89	11.06	11.84	22.89	24	0.49

图6-3-57　前后袖窿长

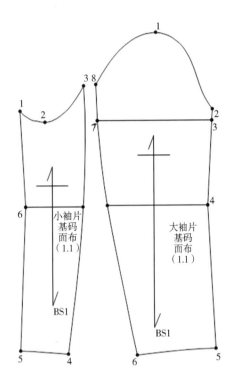

图6-3-58　完成两片袖

图6-3-59　步行纸样

20. 完成两片袖

用 【移动点】工具、 【草图】工具、 【建立内部平行】工具、【辅助线】、 【沿内部裁剪线】工具以及 【连接或（及）合并二片纸样】工具，完成两片袖，如图6-3-58所示。

21. 完成剪口对位

点击 【步行纸样】工具，如图6-3-59所示，接着点击小袖片袖口点"4"到大袖片袖口的点"6"，如图6-3-60所示，此时两个点重合一起，如图6-3-61所示；接着鼠标点击箭头所指方向的"后袖侧缝"，出现错误显示，如图6-3-62所示；然后按键盘上的【F11】键，出现正确显示，如图6-3-63所示；以此鼠标沿着后袖侧缝线往上点，在相应位置按键盘上的【F12】键，加入对位剪口，完成操作后，鼠标右击任一位置，出现【OptiTex PDS】对话框，如图6-3-64所示，点击"是"，完成剪口对位，如图6-3-65所示；对上端剪口进行同样操作。

22. 修顺两边侧缝

点击 【建立死褶于旋转图形中经中心点之间】工具，如图6-3-66所示，按顺序点击大袖片纸样中的点"1"~点"4"，弹出"按中心点建立死褶"对话框，在红色方框内的"宽度"输入数值8，点击"确定"，如图6-3-67所示；接着将两侧点"3"、"4"各往外增加"0.5cm"，再进行适当调整修顺，如图6-3-68所示。

23. 生成抽裤褶标志

先将8cm进行前、后片袖窿分配，点击 【加剪口】工具，如图6-3-69所示，在袖窿线段上任一

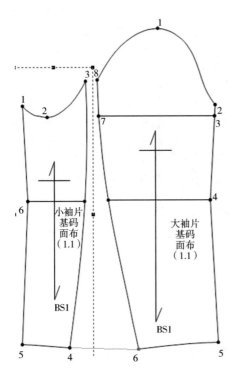

图6-3-60　点击步行点

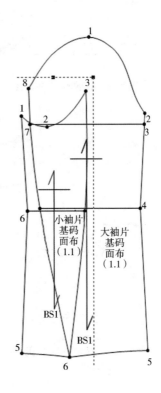

图6-3-61　两个点重合

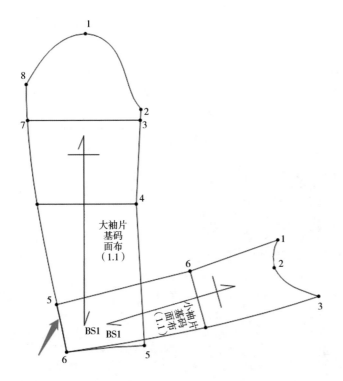

图6-3-62　错误显示

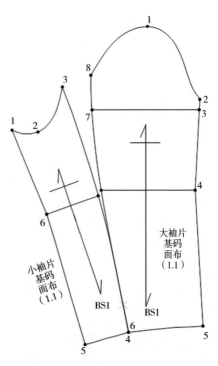

图6-3-63　正确显示

图6-3-64　OptiTex PDS对话框

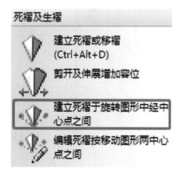

图6-3-66　工具选择

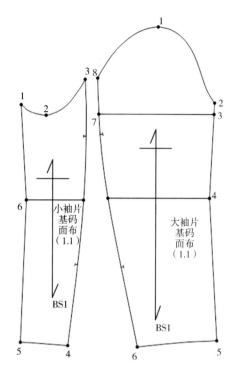

图6-3-65　完成剪口对位

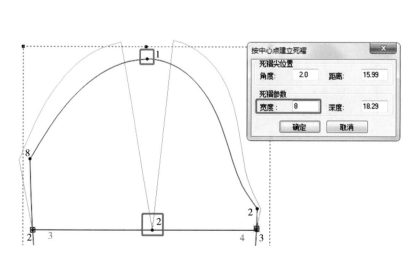

图6-3-67　按顺序点击大袖片纸样中的点

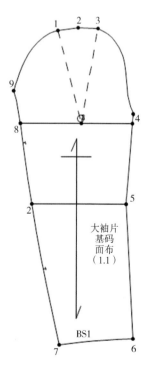

图6-3-68　修顺两边侧缝

处点击，在界面左侧弹出"剪口"对话框，在红色框内的由上一点距离、由下一点距离根据顺时针与逆时针的规则填入数值"6"，剪口自动生成相对应的位置，如图6-3-70所示；前片同样操作；接着 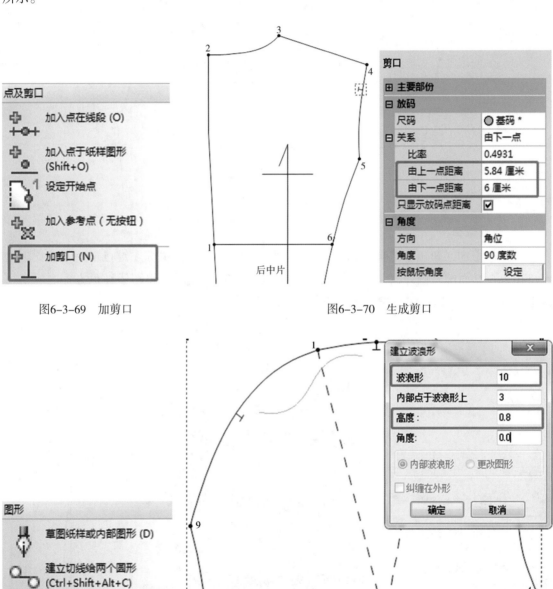 【建立线段波浪形】工具，如图6-3-71所示。在剪口之间的空白处任一处点击两点，弹出"建立波浪形"对话框，在两个红色框内的波浪形输入数值"10"，高度输入"0.8"，如图6-3-72所示，相对应的半边同样操作，生成抽碎褶标志，如图6-3-73所示。

图6-3-69　加剪口　　　　　　　　　　　　　　　　图6-3-70　生成剪口

图6-3-71　建立线段波浪形　　　　　　　　　　　　图6-3-72　波浪形数值设置

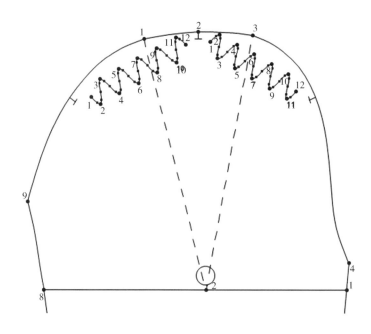

图6-3-73　生成抽碎褶标志

24. 加入钮位

点击 ⊞【加入钮位】工具，如图6-3-74所示，在所需部位鼠标左键点击一下，立刻生成纽扣，在界面的左侧弹出"钮位"对话框，如图6-3-75所示，将图示红色方框内的半径做相应修改，生成钮位，如图6-3-76所示。

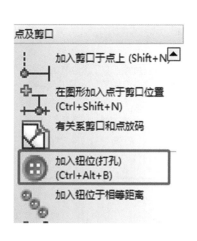

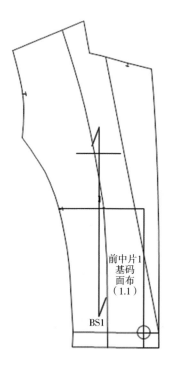

图6-3-74　加入钮位（打孔）　　　　图6-3-75　钮位对话框　　　　图6-3-76　生成钮扣

25. 加缝份

【加缝份于线段】工具，对不同部位加放相应的缝份宽度，如图 6-3-77 所示。

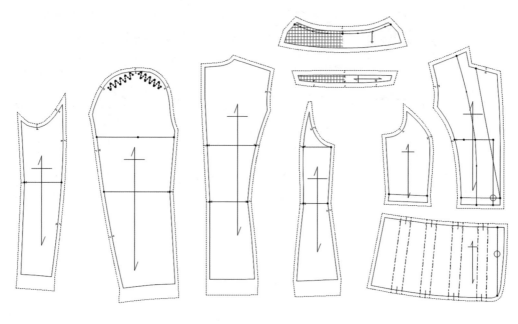

图6-3-77　样板缝份完成图

二、泡泡袖女西服样板放码

（一）放码设置

先将【视图及选择特性】菜单打开，使图形点下方的放码显示█状态。为便于操作，其余非放码以及内部点下方的放码和非放码都关闭，如图 6-3-78 所示。因为隐藏了缝份，放码点呈现红色，如图 6-3-79 所示。

（二）编辑泡泡袖女西服尺码表

方法同高腰裙编辑尺码表。

（三）正确生成放码图

横平、竖直方向的放码都采用点放码，同高腰裙操作。先点击放码点，在放码界面的左侧数值框输入对应的 DX 和 DY 值；斜线的平行放码使用【角度】工具，操作方法同喇叭裤的腰座；"复制""黏贴"放码值操作步骤同高腰裙，注意根据"黏贴"的需求相应选择 ▣▣▣。

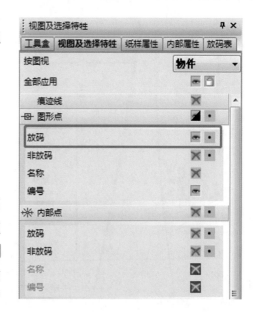

图6-3-78　视图及选择特性菜单

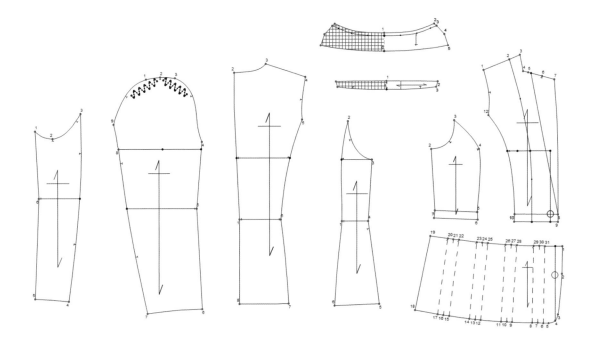

图6-3-79 显示放码点

注：纸样的摆放要根据放码值方向而定，否则会出现放码值完全相反），如图6-3-80、图6-3-81所示； ▣【比例放码】工具的操作同高腰裙；最后生成放码图，如图6-3-82所示。

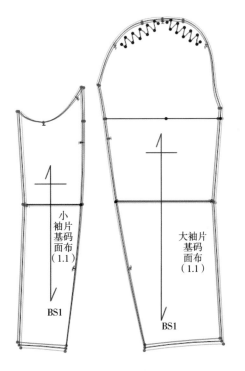

图6-3-80 放码值完全相反的摆缝

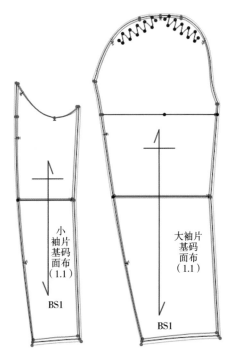

图6-3-81 正确放码值的摆放

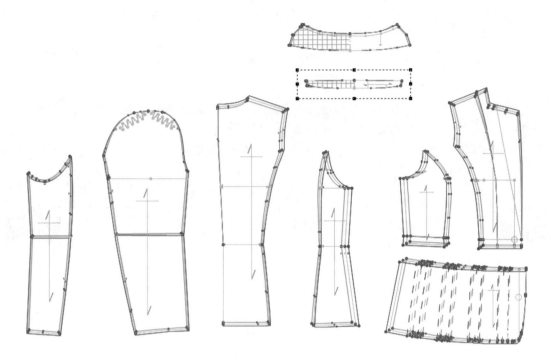

图6-3-82　生成放码图

三、泡泡袖女西服样板排料

（一）设定不需要排料的草图纸样

把不需要进行排料的草图纸样进行设定，先双击纱向线，界面的左侧弹出"纸样"对话框，将红色方框标注的"不用于排料图"打勾，如图 6-3-83、图 6-3-84 所示。

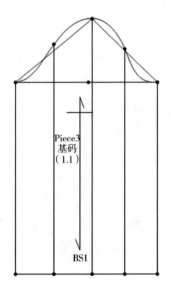

图6-3-83　不需要进行排料的草图纸样

图6-3-84　纸样对话框

（二）生成单个尺码排料图

如图选中蓝色部分的 M 码，再点击红色方框标注的 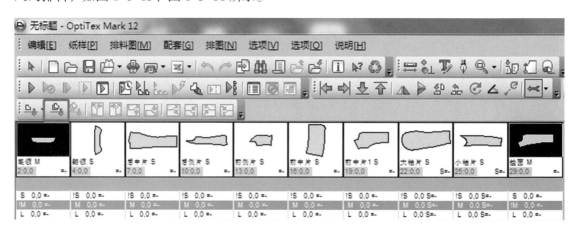【放入一捆扎】工具，完成单个尺码排料，如图 6-3-85、图 6-3-86 所示。

图6-3-85　生成单个尺码排料图

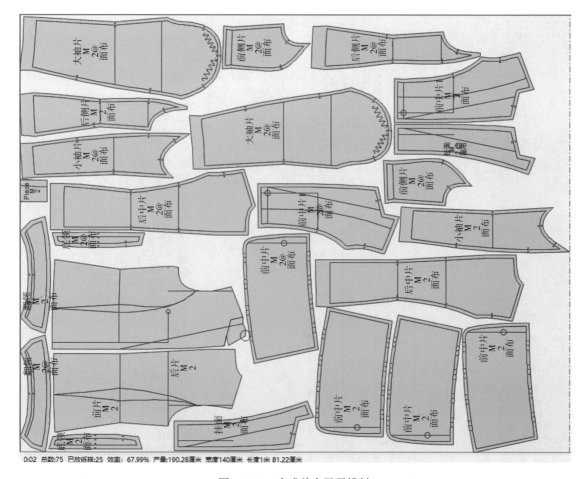

图6-3-86　完成单个尺码排料

（三）全码排料

排料方法同高腰裙。

四、泡泡袖女西服3D虚拟试衣

（一）正确摆放纸样位置

先将纸样按人体结构摆放，如图 6-3-87 所示。

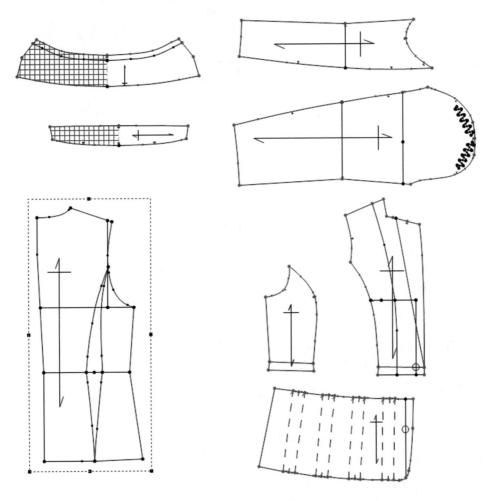

图6-3-87　正确的纸样摆放

（二）缝合纸样

1. 衣片缝合

参照高腰裙缝合工具开始进行缝合，前片、袖片和领子缝合，前片上、下分开后，做好剪口的对位点，再分别缝合操作，如图 6-3-88 所示。前片纸样的驳口线先进行缝合，缝合方法同高腰裙的后中线，但在 工具标志下，右击缝线时跳转"3D 特性"窗口不用将"反转""对称"打勾。

2. 前片

"3D 对折"信息设置，如图 6-3-89 所示。

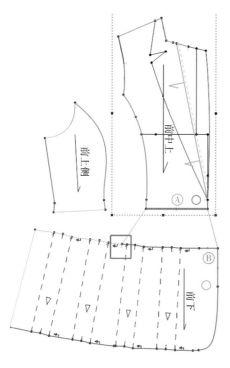

图6-3-88 缝合

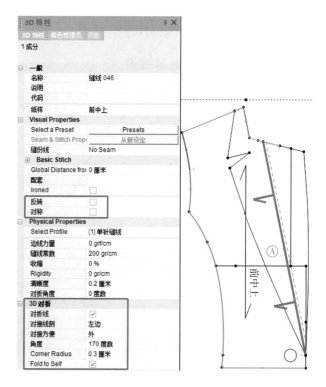

图6-3-89 前片3D特性设置

（1）对折线：打"√"；

（2）对接线侧：指的是驳头往哪边翻折，此处填左边；

（3）对接方便：指的是驳头在衣身外侧；

（4）角度：指的是以对折线翻折的度数，理论上是180°，但实际驳头翻折过来有一个自然状态，因此该数值适当缩小；

（5）Corner Radius：指的是驳头翻折后面料产生的厚度；

（6）Fold to Self：打勾。

3. 后片 3D 特性设置

框选后片到3D特性进行组合，设定组别名称，但不同组别的名称不能相同，如图6-3-90所示。

4. 袖片与衣片袖窿缝合

袖片纸样的袖山处有泡泡效果，与衣片袖窿进行缝合前，先将衣片的袖窿对位剪口做好，才能进行完美的缝合匹配；然后在 【3D stitch】工具标志下，按住【Shift】键同时选中袖山处抽泡泡的前、后线段，将清晰度改为0.1厘米，使泡泡袖效果更加细腻与逼真，如图6-3-91所示。

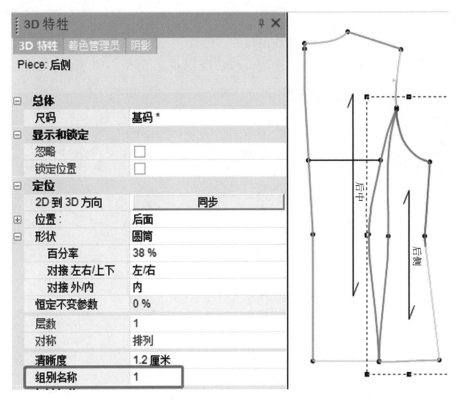

图6-3-90 后片3D特性设置

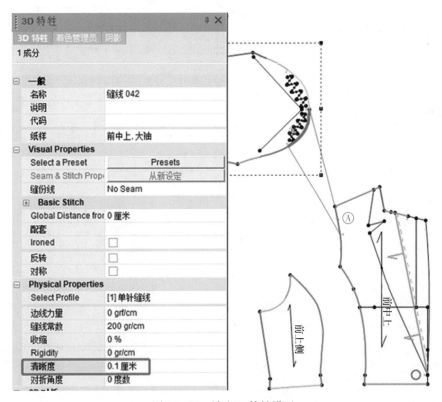

图6-3-91 袖山3D特性设置

5. 翻领 3D 特性设置

鼠标左键点击翻领线，在 3D 特性窗口的"位置"：选择 Collar Folded；接着将"层数"改为"3"（层数的设定要大于衣身的层数），如图 6-3-92、图 6-3-93 所示。

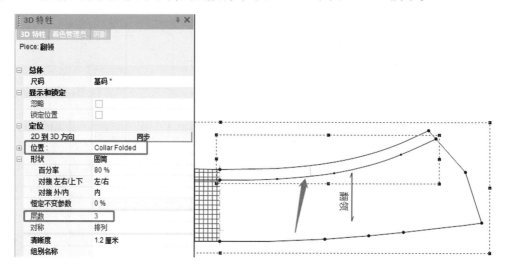

图6-3-92　翻领3D特性设置

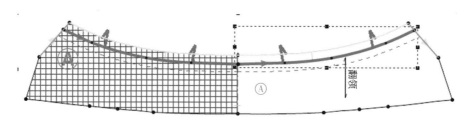

图6-3-93　设定后的显示效果

6. 领底 3D 特性设置

底领在 3D 特性窗口的"位置"：选择 Collar Stand，其余不做任何修改，如图 6-3-94 所示。

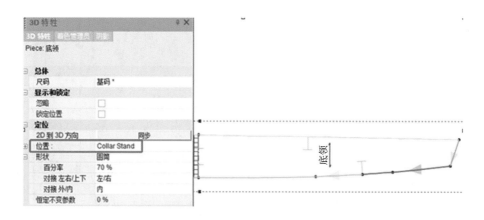

图6-3-94　底领3D特性设置

（三）泡泡袖女西服纸样的摆放及试衣效果

参照高腰裙方法对纸样进行摆放和试衣方法，如图 6-3-95 所示。

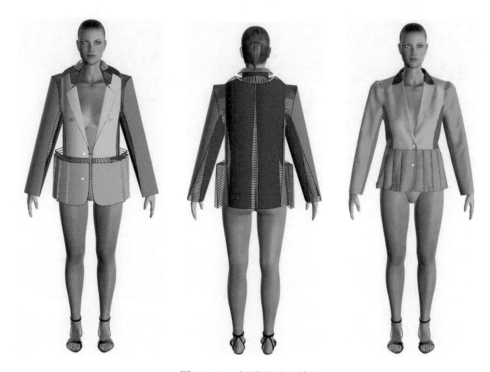

图6-3-95　摆放及试衣效果

（四）对西服衣身和袖子添加面料纹理

对西服衣身和袖子添加不同的面料纹理，但在添加之前同样将 🖥 工具关闭，步骤如下：

（1）点击 Variant1 对下方纸样框的右侧双击，跳转到"阴影"窗口，点击 🗔 工具添加纹理，添加后的效果，如图 6-3-96 所示。

（2）框选二维界面的大小袖片纸样，用鼠标左键点击纸样的蓝色框任意处，接着点击 🪃【清除对象】工具，自动生成另外一个纸样层，为了区分各层，可以将纸样的名称输入在最右侧框内，如图 6-3-97 所示；然后将袖子的面料导入进来，方法同衣身操作；并且在此窗口下方的透明度进行调整，如图 6-3-98 所示，完成效果如图 6-3-99 所示。

（五）做钮扣效果

（1）钮扣大小的调整，先按住【Ctrl】键并点击"钮扣"，接着点击 🔲 工具，绿色代表钮扣纵身的调整；蓝色代表钮扣 X 轴的调整；红色代表钮扣 Y 轴的调整。用鼠标左键对其进行移动调整至最佳效果，如图 6-3-100 所示。

（2）钮扣效果的调整，首先在着色管理员选择钮扣层，并双击跳转至"阴影"对话框，在"种类"的下拉菜单选择需要的效果，效果要在 🌑 高渲的状态下才能体现，如图 6-3-101 所示。出图方法同高腰裙操作。

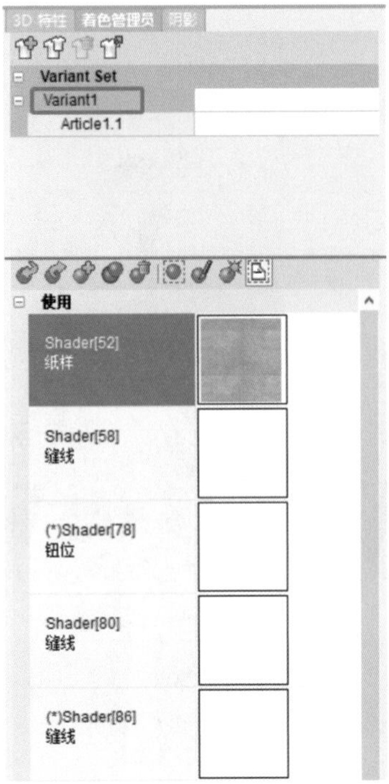

图6-3-96 添加纹理

图6-3-97 袖子层

图6-3-98 调整透明度

图6-3-99 完成效果

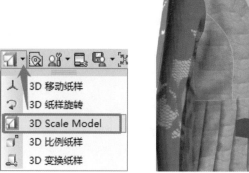

图6-3-100　调整纽扣　　　　　　　　　　　　图6-3-101　纽扣效果选择

五、泡泡袖女西服最终出图效果（图6-3-102）

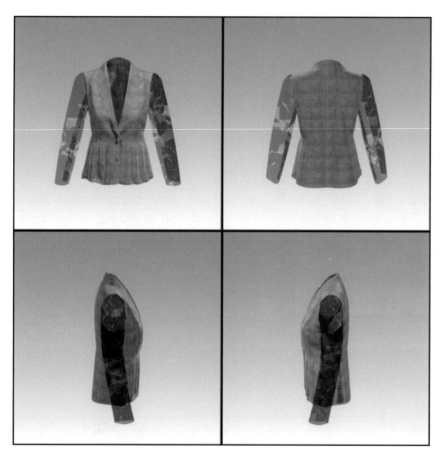

图6-3-102　调整透明度

学习重点及思考题

学习重点

1.通过实际案例，掌握省褶、分割、领袖的纸样、放码、排料工具的功能特点和实操技巧。

2.通过实际案例，掌握三维服装模拟的设计思路与操作流程，掌握各工具在三维服装模拟中的针对性使用方法，熟练应用3D软件进行三维服装模拟。

思考与练习

1.绘制省道的思路是什么？

2.在已绘制的样板中，如果提取需要的部分，可以通过几种方式获得？

3.排料的原则是什么？

4.三维虚拟试衣中，缝线缝合的依据是什么？

5.三维虚拟试衣中，如何根据人体调整样片摆放的倾斜度？

6.选择一款连衣裙进行二维制板、放码、排料和三维模拟练习。

参考文献

［1］中屋典子，三吉满智子．服装造型学技术篇Ⅰ [M].孙兆全，刘美华，金鲜英，译．北京：中国纺织出版社，2004.

［2］金宁，王威仪．服装 CAD 基础与实训 [M].北京：中国纺织出版社，2016.

附录一　制板快捷键

1.【-】：所选线水平旋转

2.【Shift】+【-】：所选线垂直旋转

3.【.】：锁定鼠标箭头垂直位置，只能水平移动

4.【Shift】+【.】：锁定鼠标箭头水平位置，只能垂直移动

5.【Ctrl】+【.】：UnLock the Mouse cursor after a horizonal/Vertical lock

6.【Shift】+【Alt】+【.】：Screen Coordinates——Showor Hide the interactive cursor position

7.【/】：设定基线方向

8.【Shift】+【/】：旋转纸样跟基线平行

9.【Ctrl】+【/】：建立新基线放于纸样中心

10.【\】：打开其余设定对话框

11."】"：顺时针方向旋转——顺时针方向旋转纸样

12.【`】：模拟悬垂性

13.【Shift】+【`】：衣料位置

14.【Ctrl】+【`】：3D 清除——清除衣料

15.【Ctrl】+【Shift】+【`】：模拟特牲

16.【=】：反转纸样垂直

17.【Shift】+【=】：反转纸样水平

18.【Ctrl】+【=】：沿着纸样所选线段反转内部物式

19.【0】：显示或隐藏缝线数据

20.【Shift】+【0】：显示非放码点

21.【Ctrl】+【0】：全部变平

22.【1】：纸样窗口

23.【Shift】+【1】：显示或隐藏计算器窗口

24.【Ctrl】+【1】：绘画路径

25.【2】：显示或隐藏放码表

26.【Ctrl】+【2】：添加 3D 剪口

27.【3】：工具盒

28.【Ctrl】+【3】：插入 3D 钮位

29.【4】：显示或隐藏现用款式副组

30.【5】：测量及比较线段长度

31.【Ctrl】+【5】：3D 基线

32.【6】：显示或隐藏纸样排列

33.【Ctrl】+【6】：编辑大头针

34.【7】：显示或隐藏 3D 视图窗口

35.【Ctrl】+【7】：建立片

36.【8】：显示或隐藏 3D 特牲于现用所选缝线或纸样

37.【Ctrl】+【8】：建立多个片

38.【9】：显示或隐藏阴影窗口

39.【Ctrl】+【9】：所选择变平

40.【A】：建立弧形于纸样内

41.【Ctrl】+【A】：选择全部纸样或缝线

42.【B】：从现用纸样面积建立纸样

43.【Ctrl】+【B】：描绘线段至建立新纸样

44.【Ctrl】+【Alt】+【B】：加入钮位（打孔）

45.【Ctrl】+【Shift】+【B】：从内部图建立新纸样

46.【C】：裁剪纸样

47.【Shift】+【C】：复制所选点放码数值

48.【Ctrl】+【C】：复制所选纸样于窗口剪贴簿

49.【Ctrl】+【Alt】+【C】：建立内部圆形

50.【Ctrl】+【Shift】+【C】：沿内部裁剪纸样

51.【Ctrl】+【Shift】+【Alt】+【C】：给两个圆形建立切线

52.【D】：草图纸样或内部图形

53.【Ctrl】+【D】：测量距离

54.【Ctrl】+【Alt】+【D】：加入或旋转死褶，建立死褶或移褶

55.【E】：延长内部图形，圆形或死褶

56.【Shift】+【E】：建立所选点连接

57.【Ctrl】+【E】：由所选点及连接加入点于接近图形

58.【Shift】+【F】：向内对折建立对折图形及根据线裁剪纸样

59.【Ctrl】+【F】：填满颜色于纸样工作区内

60.【Ctrl】+【Shift】+【F】：从所选择的内部图形建立对折打开

61.【G】：对齐个别点

62.【Shift】+【G】：由辅助线裁剪现用纸样

63.【Ctrl】+【G】：复制所选线段至剪贴簿

64.【Ctrl】+【Alt】+【G】：删除全部辅助线

65.【Ctrl】+【Shift】+【G】：显示网格点

66.【Ctrl】+【Shift】+【Alt】+【G】：显示或隐藏辅助线

67.【H】：设定半片纸样线

68.【Shift】+【H】：开启半片纸样

69.【Ctrl】+【H】：关闭半片纸样

70.【Ctrl】+【Alt】+【H】：设定对称线

71.【Ctrl】+【Shift】+【Alt】+【H】：锁定鼠标箭头垂直位置，因此只能水平移动

72.【I】：移动及复制内部

73.【Shift】+【I】：拖拉矩形选择内部对象周围

74.【Ctrl】+【I】：视图现用纸样资料

75.【Ctrl】+【Alt】+【I】：复制现用纸样所选内部对象

76.【Ctrl】+【Shift】+【I】：更改总体内部参数

77.【J】：连接或（及）合并两片纸样

78.【Shift】+【J】：合并没有关闭内部图形

79.【Ctrl】+【K】：全部纸样于工作区按排绘图

80.【Ctrl】+【Shift】+【K】：移动全部纸样于工作区按排绘图

81.【L】：建立工字褶或刀褶

82.【Shift】+【L】：在纸样中建立生褶线

83.【Ctrl】+【L】：绘图工作区内纸样

84.【M】：移动点

85.【Shift】+【M】：沿着图形移动点

86.【Ctrl】+【M】：按比例移动点

87.【Ctrl】+【Alt】+【M】：移动一连串点

88.【Ctrl】+【Shift】+【M】：平行移动点

89.【N】：加剪口

90.【Shift】+【N】：加入剪口于点上

91.【Ctrl】+【N】：建立新款式文件

92.【Ctrl】+【Shift】+【N】：在图形于剪口位置加入点

93.【O】：加入点于图形或加入点在线段

94.【Shift】+【O】：加入点于纸样图形

95.【Ctrl】+【O】：开启现有款式文件

96.【P】：所选线段建立内部平行图形

97.【Shift】+【P】：延长所选纸样部份或平行内部图形

98.【Ctrl】+【P】：打印工作区内纸样

99.【Ctrl】+【Alt】+【P】：黏贴内部对象于现用纸样

100.【Ctrl】+【Shift】+【Alt】+【P】：设定线段的点位置于"草图工具"模式

101.【Q】：拖拉矩形选择移动内部对象及点

102.【Shift】+【Q】：加入有需要支配点于曲线

103.【Ctrl】+【Q】：把输入或读入之纸样内的外余点删除

104.【Ctrl】+【Alt】+【Q】：建立 / 删除组别及线段

105.【R】：旋转纸样

106.【Shift】+【R】：旋转全部选择纸样旋转所选

107.【Ctrl】+【R】：圆角

108.【Ctrl】+【Alt】+【R】：复原纸样于之前储存的位置

109.【Ctrl】+【Shift】+【R】：打印报告

110.【Ctrl】+【Shift】+【Alt】+【R】：显示或隐藏放码表库

111.【S】：加缝份于线段

112.【Shift】+【S】：移除缝份

113.【Ctrl】+【S】：储存现用文件

114.【Ctrl】+【Alt】+【S】：储存现用纸样于当前位置

115.【Ctrl】+【Shift】+【S】：另存现用文件为新文件

116.【Ctrl】+【Shift】+【Alt】+【S】：移除线段缝份

117.【T】：加入或编辑内部文字于纸样上

118.【Shift】+【T】：整理内部线

119.【Ctrl】+【T】：移除全部纸样的全部痕迹线

120.【Ctrl】+【Alt】+【T】：当每次移动时建立痕迹线

121.【Ctrl】+【Shift】+【T】：描绘及整理内部

122.【Ctrl】+【Shift】+【Alt】+【T】：显示痕迹线【S】

123.【U】：建立缝线

124.【Shift】+【U】：显示及选择缝线模式

125.【Ctrl】+【U】：显示尺码于排料图表中

126.【Shift】+【V】：黏贴 DX&DY 放码数值

127.【Ctrl】+【V】：由剪贴簿黏贴纸样于开启款式文件

128.【Ctrl】+【Shift】+【Alt】+【V】：锁定鼠标箭头水平位置，因此只能垂直移动

129.【W】：步行纸样

130.【Ctrl】+【W】：设定步行步幅之数值及比率

131.【Shift】+【X】：黏贴 DX 放码数值

132.【Ctrl】+【X】：移除纸样及放在窗口剪贴簿上

133.【Shift】+【Y】：黏贴 DY 放码

134.【Ctrl】+【Y】：再做之前复原指令

135.【Shift】+【Z】：使用描绘工具建立分区

136.【Ctrl】+【Z】：复原之前指令

137.【Ctrl】+【Alt】+【Z】：放大

138.【Ctrl】+【Shift】+【Z】：使用建立工具创造分区

139.【F1】：列出帮助主题

140.【Shift】+【F1】：在线辅助说明

141.【F2】：显示线方向对话框给裁剪、轴线、草图、生褶及容位工具

142.【F3】：允许只编辑选择纸样

143.【F4】：显示所有尺码或仅显示基码

144.【Shift】+【F4】：定义纸样名称及基码

145.【Ctrl】+【F4】：显示或隐藏放码表

146.【F5】：转换纸样裁剪或车缝图形

147.【Shift】+【F5】：转换所有纸样为车缝线

148.【Ctrl】+【F5】：转换所有纸样为裁剪线

149.【F6】：重新计算纸样缝份

150.【Shift】+【F6】：所选纸样更新剪口，死褶及生褶于缝份上

151.【Ctrl】+【F6】：显示缝份

152.【Ctrl】+【Shift】+【F6】：重新计算缝份于所选纸样及保持放码

153.【F7】：抓取

154.【Shift】+【F7】：Snap to Stripe

155.【F8】：显示缘线段长度

156.【Shift】+【F8】：显示内部图形长度

157.【F9】：分开所选纸样于工作区内

158.【Num+】：放大

159.【Ctrl】+【Num+】：按所选矩形放缩

160.【Shift】+【Num+】：显示条纹线

161.【Ctrl】+【Shift】+【Num+】：显示或隐藏直尺

162.【Shift】+【Delete】：删除所选纸样

163.【Shift】+【Delete】：移除纸样及放在窗口剪贴簿上

164.【End】：选择此工具

165.【Esc】：之前工具

166.【Shift】+【F10】：一般视图特性

167.【F10】：视图及选择

168.【F11】：更改步行方向（顺时针，逆时针）

160.【Shift】+【F12】：加入剪口于移动纸样

170.【F12】：加入剪口于移动和不动纸样

171.【Ctrl】+【F12】：加入剪口于不动纸样

172.【Shift】+【Ins】：由剪贴簿黏贴纸样于开启款式文件

173.【Ctrl】+【Ins】：复制所选纸样于窗口剪贴簿

174.【Home】：全图观看

175.【Ctrl】+【Home】：选择纸样放缩

176.【Shift】+【Home】：选择纸样放缩

177.【Num-】：缩小

178.【Num+】：全图观看

179.【Ctrl】+【Space】：所选内部移动

180.【Backspace】：删除点、剪口、内部

181.【Alt】+【Backspace】：复原之前指令

182.【Shift】+【Backspace】：用鼠标箭头选择其他接近对象

183.【Shift】+【Alt】+【Backspace】：再做之前复原指令

184.【Ctrl】+【Shift】+【←】：到之前点

185.【Ctrl】+【Shift】+【→】：到下一点

附录二　排料快捷键

1. 【Ctrl】+【N】：清幕及开新排料图

2. 【Ctrl】+【O】：开启旧排料图文件

3. 【Shift】+【O】：开启款式文件（制单）

4. 【Ctrl】+【M】：排料图定义

5. 【Ctrl】+【C】：清除排料图

6. 【Ctrl】+【S】：储存文件

7. 【Shift】+【E】：输出 CAD/CAM 文件　　【Shift】+【I】：输入 CAD/CAM 文件

8. 【Ctrl】+【L】：绘图　　【Ctrl】+【P】：打印

9. 【Ctrl】+【R】：报告于 Excel

10. 【Ctrl】+【G】：布纹调整群组

11. 【Ctrl】+【B】：矩形位置盒子结合

12. 【Ctrl】+【Shift】+【B】：节约位置盒子结合

13. 【Ctrl】+【Shift】+【Alt】+【B】：最优化位置盒子结合

14. 【Ctrl】+【K】：选择所有捆扎

15. 【Shift】+【K】：将同一纸样方向于一捆扎

16. 【F9】：替代尺码于所选纸样

17. 【Shift】+【F9】：复制尺码到所选纸样

18. 【F10】：显示特性

19. 【Ctrl】+【I】：纸样资料

20. 【Shift】+【Delete】：删除

21. 【Ctrl】+【A】：选择全部

22. 【Ctrl】+【H】：制造孔洞

23. 【Ctrl】+【E】：内部

24. 文字【Shift】+【A】：文字

25. 【P】：放入所选纸样于排料图

26. 【Shift】+【P】：放入一捆扎

27. 【Ctrl】+【Shift】+【P】：全部放入

28. 【Shift】+【N】：开始自动排图

29. 【Ctrl】+【Shift】+【N】：停止自动排图

30. 【Shift】+【Alt】+【N】：继续自动排图

31. 【Ctrl】+【Alt】+【N】：所选纸样自动排图

32. 【Ctrl】+【Shift】+【Alt】+【N】：自动排图设定

33. 【Ctrl】+【J】：自动排压

34. 【Delete】：移除所选纸样

35. 【Ctrl】+【D】：复制

36. 侦查内部重迭

37. 【Ctrl】+【Z】：复原

38. 【Ctrl】+【Y】：重复

39. 【Ctrl】+【Alt】+【M】：水平排料图中间

40. 【Alt】+【↑】：水平上面限度

41. 【Alt】+【↓】：水平较低限度

42. 【Ctrl】+【Alt】+【H】：水平纸样中间

43. 【Alt】+【←】：垂直左边界限

44. 【Alt】+【→】：垂直右边界限

45. 【Ctrl】+【Alt】+【V】：垂直纸样中间

46. 【F3】：旋转90度   【F4】：旋转180度   【Shift】+【R】：旋转

47. 【Shift】+【X】：反转X

48. 【Shift】+【Y】：反转Y

49. 【Shift】+【←】：射入左边   【Shift】+【→】：射入右边

50. 【Shift】+【↓】：射入下面   【Shift】+【↑】：射入上面

51. 【Shift】+【Home】：相关纸样和布纹

52. 【Shift】+【Z】：放大   【Home】：放大全部纸样

53. 【Z】：选择此工具

54. 【Ctrl】+【Alt】+【R】：从画排料图

55. 【M】：测量工具   【N】：剪口   【T】：文字

56. 【Ctrl】+【F】：填充颜色